Irina Eversmeyer

Hinduismus und Kastenwesen in Indien - Früher und Heute

GRIN - Verlag für akademische Texte

Der GRIN Verlag mit Sitz in München hat sich seit der Gründung im Jahr 1998 auf die Veröffentlichung akademischer Texte spezialisiert.

Die Verlagswebseite www.grin.com ist für Studenten, Hochschullehrer und andere Akademiker die ideale Plattform, ihre Fachtexte, Studienarbeiten, Abschlussarbeiten oder Dissertationen einem breiten Publikum zu präsentieren.

Dokument Nr. V49500 aus dem GRIN Verlagsprogramm

Irina Eversmeyer

Hinduismus und Kastenwesen in Indien - Früher und Heute

GRIN Verlag

Bibliografische Information der Deutschen Nationalbibliothek: Die Deutsche Bibliothek verzeichnet diese Publikation in der Deutschen Nationalbibliografie; detaillierte bibliografische Daten sind im Internet über http://dnb.d-nb.de/ abrufbar.

1. Auflage 2005
Copyright © 2005 GRIN Verlag
http://www.grin.com/
Druck und Bindung: Books on Demand GmbH, Norderstedt Germany
ISBN 978-3-640-33041-6

Hochschule Vechta

Bachelorarbeit
im Studiengang „Sozial-, Kultur- und Naturwissenschaften",
eingereicht im Fach Geographie

Hinduismus und Kastenwesen in Indien – früher und heute

von

Irina Eversmeyer

Vechta, den 23.11.2005

Inhaltsverzeichnis

Abbildungs- und Tabellenverzeichnis

Abbildungen

Tabelle

1   Einleitung und Zielsetzung

1.1   Einleitung

Indien steht mit einer Fläche von 3 287 263 km^2 an siebter Stelle, mit einer Einwohnerzahl von über einer Milliarde an zweiter Stelle unter den Ländern der Erde. Es ist reich an Kultur und Tradition, aber auch an Widersprüchen und Gegensätzen, die sowohl seine Faszination ausmachen als auch Ursache für viele Probleme sind. Dazu tragen auch Entwicklungen seit dem Zeitalter der Entdeckungen erheblich bei.

Indien verdankt seine heutige Gestalt den britischen Kolonialherren. Als Königin Elisabeth I. im Jahre 1600 der Ostindischen Kompanie das Monopol für den Handel mit Indien verlieh, begann die wirtschaftliche und militärische Erschließung des Landes und seiner Ressourcen, aber auch ihrer Ausbeutung. Diese Entwicklung gipfelte darin, dass Königin Victoria 1877 den Titel „Empress of India" annahm und Indien vor allem dank seines hohen kulturellen Entwicklungsstandes der wertvollste Besitz des britischen Kolonial- und Weltreiches wurde. Nach langwierigen und schwierigen Verhandlungen, bei denen die Voraussetzungen für die Gründung einer stabilen parlamentarischen Demokratie gelegt wurden, gravierende Probleme aber ungelöst blieben, entließ Großbritannien Indien 1947 in die Unabhängigkeit. Heute gilt der Staat „[...] als größte Demokratie der Welt, [...] obwohl beinahe alle Bedingungen, von denen die moderne Politikforschung als Voraussetzung für Demokratie ausgeht, eigentlich dagegen sprechen" (Wehling 1998, S. 1).

Indien, das bedeutet Armut der Massen und Reichtum einer kleinen Minderheit, reformbedürftiges Agrarland und Industrienation, Dürrekatastrophen und *Grüne Revolution,* tropischer Regenwald und vergletscherte Gebirgsregionen, Götterwelt und Bürokratie, alte Paläste und neue Slums. Kein anderes Land vereinigt so nachhaltig Tradition und Fortschritt, nirgends liegen Vergangenheit und Gegenwart so nah beisammen. In typischer Form weist es historische, politische, soziale, geographische und wirtschaftliche Kennzeichen und Probleme von Entwicklungsländern auf. Die großen Divergenzen vor allem in technischen und ökonomischen, besonders aber in soziokulturellen Belangen machen es zu dem Entwicklungsland schlechthin.

Von Natur aus stellt Indien ein wahres Sammelbecken von Sprachen, Völkern und Kulturen dar. Es ist nicht nur eine Nation, sondern eher ein Konglomerat aus vielen verschiedenen Gemeinschaften mit eigenem Kulturgut, eigener historischer Prägung und Tradition.

Auch die religiöse Vielfalt auf dem Subkontinent ist beachtlich und neben dem Hinduismus als Hauptreligion gibt es noch eine Vielzahl weiterer Religionsgemeinschaften: z. B. Sikhs, Jains, (Neo-)Buddhisten, Christen und Parsis. Einzigartig unter allen Ländern der Erde ist jedoch, dass die Bevölkerung Indiens zusätzlich zu dieser Heterogenität in Kasten und kastenähnliche Gruppen separiert ist, welche bis heute weitgehend das soziale Verhalten, die eheliche Partnerwahl, die Freundschaften und Beziehungen, die berufliche Laufbahn und den sozialen Status eines jeden Hindus bestimmen. (vgl. Bronger 1996, S. 25)

Doch gerade dieses starre und traditionell behaftete Kastenwesen wird in Indien seit Jahrzehnten kontrovers diskutiert. Die überarbeitete und teilweise neu formulierte indische Verfassung von 1950 schafft das Kastenwesen zwar offiziell ab, dennoch sind in der Presse regelmäßig Berichte zu lesen, die die Präsenz von Kasten, Kastendenken und Kastenhandeln beklagen. Demnach stößt die indische Verfassung als Grundlage für eine Demokratie, welche nach unserem Verständnis die allgemeinen Menschenrechte festschreibt, hinsichtlich des Kastenwesens an ihre Grenzen.

Eine genauere Analyse des heutigen Kastenwesens zeigt, dass dieses starre soziale Ordnungssystem bei statistisch eher marginalen Ausnahmen weiterhin vor allem auf dem Lande intakt ist. Das Zeitalter der Urbanisierung und Globalisierung setzt jedoch in Indien die Fähigkeit voraus, sich den veränderten Bedingungen flexibel anzupassen. Moderne Standards, wie z. B. die Arbeitsteilung im produzierenden Sektor und der Einsatz neuer Technologien im Dienstleistungsbereich, machen deshalb eine Bewusstseinsänderung des Einzelnen und eine Anpassung des Kastensystems nötig, also die Lösung aus vielen Fesseln tradierter gesellschaftlicher Ordnungssysteme insgesamt. So bilden sich in den metropolitanen und urbanen Entwicklungspolen des Landes bereits seit geraumer Zeit neue sozio-ökonomische Strukturen heraus, die einem dynamischen Entwicklungsprozess unterliegen, Hemmnisse des starren Kastensystems außer Kraft setzen und zu neuen gesellschaftlichen Mustern und Schichtungen führen. Derartig massive Wandlungen bedürfen auch einer flankierenden gesetzlichen Grundlage. (vgl. Basting/Hoffmann 2004, S. 46)

1.2 Zielsetzung

Das Ziel der vorliegenden Arbeit ist es, die Auswirkungen des Hinduismus und des Kastenwesens in Indien früher und heute zu analysieren und insbesondere die daraus resultierenden Entwicklungshemmnisse des Landes aus geographischer Sicht herauszustellen. Daraus ergibt sich die Thematisierung folgender inhaltlicher Schwerpunkte:

- Darstellung der Grundlagen und Bedeutung des Hinduismus und des Kastenwesens in Indien
- Beschreibung der Grundzüge der Entstehung des Kastenwesens
- Erläuterung der wichtigsten Merkmale des Kastenwesens
- Bedeutung und Stellung der *Kaste* im sozialen Leben
- Auswirkungen der Diskriminierung am Beispiel der Unberührbaren
- Schilderung der Hemmnisse des Hinduismus und des Kastenwesens für die wirtschaftliche Entwicklung anhand von Beispielen:
  - a) in der Landwirtschaft
  - b) in der Industrie
  - c) im Dienstleistungssektor
- Ansätze zur Veränderung des Kastenwesens und der traditionellen Sozialstruktur in Indien
- Entwicklung von Reform und Widerstand in Indien
- Möglichkeit des sozialen Aufstiegs und Chancen für das Kastenwesen
- Hinduismus und Kastenwesens und deren Bedeutung für die weitere Entwicklung Indiens

Demnach sollen in dieser Arbeit die Funktion des Kastenwesens im Zuge der kulturellen und globalen Veränderungen herausgestellt werden und die Bereiche der sozialen, ökonomischen und politischen Entwicklung betrachtet werden.

2 Hinduismus und Kastenwesen

In diesem Kapitel sollen sowohl der Hinduismus als auch das Kastenwesen vorgestellt werden. Diese Grundlagen dienen für ein besseres Verständnis der indischen Religions- und Sozialstruktur und sind für die weiterführenden Kapitel von großer Bedeutung.

„Die Kaste, [...] ist das kennzeichnendste Merkmal, das der indische Kulturkreis hervorgebracht hat; im Kastenwesen findet der Hinduismus, weniger Religion als sozialkulturelles System, Form und Ausdruck" (Bronger 1996, S. 109).

Das von uns heute verwendete Wort *Kaste* (von lat. castus = keusch) ist spanischen und portugiesischen Ursprungs: *Casta* bedeutet *etwas nicht Vermischtes*. Das Wort scheint zunächst von den Spaniern im Sinne von Rasse benutzt worden zu sein, bevor die Portugiesen wahrscheinlich erst in der Mitte des 15. Jahrhunderts dieses für etwas, das dem von außen Kommenden fremdartig, einzigartig und unverkennbar vorkommt, angewandt haben. Mit dem Begriff versuchten sie das Gesellschaftssystem in Indien zu beschreiben. (vgl. Dumont 1966, S. 39)

2.1 Grundlagen und Bedeutung des Hinduismus in Indien

Der Hinduismus ist wohl die älteste der großen Religionen und mit heute etwa 900 Millionen Anhängern (davon ca. 825 Millionen in Indien) die (nach dem Christentum und Islam) drittgrößte Religion der Welt. Zudem stellt sie das vielgestaltigste religiöse Gebilde dar, das die Gegenwart kennt. Grundlage des Hinduismus sind vor allem die zwischen 1500 und 800 v. Chr. entstandenen Veden (Veda = heiliges Wissen). Diese umfassen Hymnen an die Götter, Opfersprüche, Ritualanweisungen, Zaubertexte und Beschwörungen. Als Vollendung der vedischen Schriftkultur werden die Upanishaden zwischen 800 und 600 v. Chr. angesehen. Diese haben für die lebendige Religiosität in der heutigen Zeit keine große Bedeutung mehr. Die meisten Hindus folgen in ihren geistigen Vorstellungen und kultischen Riten eher dem Mahabharata und dem Ramayana (beide 300 v. Chr. – 300 n. Chr.), welche ebenfalls vedische Schriften sind.

Das Wort *Hindu* ist von dem Sanskritwort *Sindhu* abgeleitet, welches aus dem Persischen stammt und die Menschen im Lande des Flusses Indus, die Urbewohner Indiens, bezeichnet. Somit sind Hindus also der ursprünglichen Bedeutung des Wortes nach Inder. (vgl. v. Stietencron 2001, S. 7-8) Nach Rothermund (1995, S. 144) ist ein

Hindu demnach nicht etwa ein Anhänger einer bestimmten Religion, [...], er ist vielmehr der Anhänger einer (beliebigen) Religion indischen Ursprungs.

Traditionellerweise kann man in den Hinduismus nur hineingeboren werden. „Folglich ist man Hindu und kann es nicht erst werden; ebenso bleibt man Hindu, selbst wenn man aufhören wollte, es zu sein" (Schreiner 1999, S. 10). Das Leben eines Hindus ist von der Wiege bis zur Bahre mit der Ausführung bestimmter Riten verbunden. So dienen Fasten und Kasteiungen, tägliche oder regelmäßige Gelübde und Meditation dazu, ein gutes Karma[1] zu erreichen.

Der Begriff *Hinduismus* vermittelt den Eindruck, als handele es sich hierbei um eine einzelne Religion, vergleichbar dem Islam, dem Christentum und so weiter. Doch der so genannte Hinduismus setzt sich aus vielen unterschiedlichen Richtungen zusammen, so dass man von einem „Kollektiv von Religionen" (www.uni-marburg.de) sprechen kann. Diese Religionen gehen auf keinen gemeinsamen Stifter zurück. Sie haben keine gemeinsame Lehre, verfügen über viele unterschiedliche Schriften und haben kein gemeinsames religiöses Zentrum. Zudem teilen Sie nicht den Glauben an eine oder mehrere Gottheiten, sondern es stehen angeblich ungefähr 330.000 Götter zur Auswahl. Es steht jedem frei zu glauben, was er will, und zu verehren, wen er will. (vgl. Bronger 1996, S. 36) Die Gottheit kann viele Formen, Namen und Körper haben. Diagramme, Pflanzen, Tiere oder Steine können gleichermaßen angebetet werden.

An der Spitze des hinduistischen Pantheons steht die als Trimurti bezeichnete Dreieinigkeit der Götter Brahma, Vishnu und Shiva. (vgl. Michaels 1998, S. 227f.) Brahma wird als Schöpfer der Welt und aller Wesen angesehen, bleibt jedoch im Schatten Vishnus und Shivas, denn anders als diese wurzelt er nicht im Volksglauben. Meist wird er mit vier in die verschiedenen Himmelsrichtungen blickenden Köpfen und seinem Tragtier, dem Schwan, dargestellt. Vishnu, der neben Shiva bedeutendste Gott im Hinduismus, gilt als der Erhalter der Welt, der in seinen bisher insgesamt neun Inkarnationen immer dann auftritt, wenn es gilt, die Erde vor dämonischen Gewalten zu schützen. Seine bekanntesten Inkarnationen sind die als Rama, Krishna und Buddha. Vishnus Tragtiere sind entweder eine Schlange oder ein Garuda. Shiva wird oftmals

---

[1] Unter Karma wird ein spirituell-esoterisches Konzept verstanden, nachdem jede Aktion – physisch wie geistig – unweigerlich eine Konsequenz hat, die nicht unbedingt im aktuellen Leben wirksam wird, sondern unter Umständen erst in einem der nächsten Leben. Im Hinduismus ist die Lehre des Karma eng mit dem Glauben an den Kreislauf der Wiedergeburten verbunden. (vgl. www.wikipedia.de)

als das Gegenstück Vishnus bezeichnet, was jedoch nur zum Teil stimmt, da sich in ihm verschiedene, äußerst widersprüchliche Wesenselemente vereinen. Laut der indischen Mythologie soll er unter nicht weniger als 1.008 verschiedenen Erscheinungsformen und Namen die Erde betreten haben. Einerseits verkörpert er die Kräfte der Zerstörung, andererseits gilt er auch als Erneuerer aller Dinge. Auch bei Shiva gibt es eine ganze Reihe von Emblemen, wie den Dreizack, einen Schädel oder die ascheverschmierte, grau-blaue Haut. Sein wichtigstes Erkennungsmerkmal ist der Nandi-Bulle. (vgl. Zierer 1985, S. 44f.)

In Indien sind demzufolge monotheistische, animistische, pantheistische, atheistische und polytheistische Glaubensformen in derselben Weise möglich. Der Hinduismus ist also nicht eine Religion, sondern es handelt sich um verschiedene, miteinander verwandte Religionen mit vielen, recht unterschiedlichen Schulen und Strömungen. Darum gibt es kein gemeinsames für alle gleichermaßen gültiges Glaubensbekenntnis.

Die meisten Gläubigen gehen jedoch davon aus, dass Leben und Tod sich in einem ständig wiederholenden Kreislauf befinden, sie glauben an die Reinkarnation. Im Mittelpunkt steht die Vorstellung von der Unsterblichkeit der Seele. Der Übergang der Seele beim Tod in eine andere Daseinsform wird als Seelenwanderung bezeichnet. Seelenwanderung und Reinkarnation, d. h. die Wiedergeburt einer Seele in einem neuen Körper, sind gleichbedeutend. Der Reinkarnationsglaube im Hinduismus beinhaltet eine lange Abfolge von Wiedergeburten, bei denen sich die Seele in unterschiedlichsten menschlichen, göttlichen, tierischen oder sogar pflanzlichen Körpern wieder finden kann. Je nach persönlicher Bewährung im Vorleben (Karma) erfolgt der Übergang in höhere oder niedrigere Existenzformen. Die Hindus streben somit nach einem guten Karma, um die völlige Erlösung (Moksha) von dem Prozess der Wiedergeburt (Samsara) zu erreichen. Demnach ist die Erlösung der Seele das höchste Ziel.

In diesem Zusammenhang sind auch die gewaltfreien Unabhängigkeitsbewegungen von Gandhi zu nennen, welche zu jenen Lebensregeln gehörten, die für die Erlösung der Seele förderlich waren. In der heutigen Zeit würde sich ein solches politisches Kampfmittel wohl kaum wiederholen lassen.

Im modernen Indien seien ferner die *Verehrung der Kuh* und ihr Schutz vor der Schlachtung genannt. Der Hindu sieht in der Kuh mehr als nur ein nützliches Tier. In früheren Zeiten hatte die Kuh die Funktion des Erhalters: das Überleben der Menschen hing erheblich von ihr ab. So lieferte die Kuh nicht nur Ernährung und Bekleidung, sondern auch wertvollen Dünger, Medizin und Arbeitskraft. Noch heute ist sie für viele arme Bauern in Indien das einzige Zugtier und damit die Stütze der Landwirtschaft. Für Millionen Inder in den Städten und Dörfern liefert ihr Dung das wichtigste Heizmaterial für das tägliche Kochen und zum Bau der Häuser ist er unerlässlich. Somit ist die Kuh für den Hindu ein Symbol des Lebens und verdient darum religiös gestimmte Ehrfurcht. Vielen aufgeklärten Hindus bedeutet die Kuh heute an sich nicht mehr viel, allerdings sind nur wenige bereit, sich für ihre Nutzung als Schlachttier einzusetzen. (vgl. Bronger 1996, S. 35f.)

Die Religion selbst wird von den Indern als Dharma (Gesetz) bezeichnet. Dieses Wort beinhaltet sowohl die kosmische als auch die moralische Ordnung und ist die Grundlage jeglichen Handelns. (vgl. Rothermund 1995, S. 145) Im Dharma sind demnach sämtliche Regeln enthalten, nach denen ein Hindu in der Familie, im Beruf und im Staat sein Leben zu ordnen hat. Letztendlich sind dies die Regeln der Kasten, welche ein essentielles Charakteristikum im Hinduismus darstellen.

Heute ist der Hinduismus nicht nur in Indien, sondern auch in Nepal, Sri Lanka, Bali und selbst in Mauritius, Südafrika, Fidschi, Singapur, Malaysia, Trinidad und Tobago verbreitet. Durch die Kolonialherrschaft der Engländer ist er in Europa besonders in Großbritannien zu finden.

Trotz vieler Ungleichheiten können Hindus der verschiedenen Richtungen heute weitgehend gemeinsam feiern und beten, wenn auch ihre Theologie und Philosophie nicht übereinstimmen. „Einheit in der Vielfalt" ist eine oft verwendete Redewendung zur Selbstdefinition im modernen Hinduismus. (vgl. Fischer et al. 1995, S. 207).

2.2 Entstehung, Merkmale und Auswirkung des Kastenwesens

2.2.1 Entstehung des Kastenwesens

Die Frage nach dem Ursprung und der Entstehung des indischen Kastenwesens in den verschiedenen Phasen der hinduistischen Geschichte weist bis heute unterschiedliche Erklärungen auf. Es ist allerdings ein sehr altes und spezifisch indisches Phänomen.

Indien ist immer ein Einwanderungsland gewesen. Es wird angenommen, dass das Kastenwesen seine Ursprünge in der Zeit des Brahmanismus zwischen 1500 und 1000 v. Chr. hat, nachdem die Arier über die Gebirgspässe im Norden des Subkontinents nach Indien kamen. In ihrem neuen Siedlungsraum fanden sie eine Bevölkerung vor, die schon viel länger dort lebte: die Drawiden. Die arischen Einwanderer verfügten über modernere und überlegene Waffen, mit denen sie die Urbevölkerung schnell besiegen und unterdrücken konnten. (vgl. Basting 2004, S. 92)

Ein Teil der ursprünglichen Bevölkerung wurde fortan auf den Feldern des neuen Herrschaftsvolkes als Arbeitssklaven eingesetzt. Der andere Teil wurde in den Süden Indiens verdrängt, wo ihre Nachfahren noch heute leben, z.B. die Tamilen.

Vor diesem Hintergrund haben die Arier bei der Ausbildung des Kastenwesens eine bedeutende Rolle gespielt und eine hierarchisch gegliederte Agrargesellschaft entstand. Sie ordneten die Gesellschaft zunächst in zwei Gruppen, varnas (Farbe, Hautfarbe) ein:

- hellhäutige Bevölkerung = Arier
- dunkelhäutige Bevölkerung = Drawiden

Wenig später entstand daraus eine in vier Klassen geteilte Gesellschaft. An ihrer Spitze standen die Brahmanen (Priester), denen die Kshatriyas (Krieger und Adel) und die Vaishyas (Bauern, Viehzüchter und Händler) folgten. Ihnen untergeordnet waren die nicht arischen Shudras (Handwerker und Tagelöhner).

Die Arier selbst betrachteten sich als ein auserwähltes, göttlich inspiriertes und *reines* Volk. Ihre Hellhäutigkeit war das wesentliche Merkmal ihrer Reinheit. Die Dunkelhäutigkeit der Drawiden hingegen stand für ungöttlich, unrein und wurde als unwert angesehen, weshalb man sie auch ohne weiteres versklaven konnte. (vgl. Basting/Hoffmann 2004, S. 46)

Dies ist wohl die gängigste Erklärung, aber man darf wohl zu Recht der Ansicht sein, dass sich ein derart komplexes System überhaupt nicht aus einer einzigen Wurzel gebildet haben könne, sondern nur aus einer ganzen Reihe von Faktoren zu erklären sei. (Bronger/v. d. Ruhren 1997, S. 23)

Somit soll ein weiterer Versuch zur Entstehung des Kastenwesens unternommen werden.

Die heute in Indien auftauchende Einteilung in vier Kastengruppen beruht in der mythologischen Vorstellung auf einem göttlichen Urwesen namens Purusha, dem Urvater der Menschheit. Die Wertigkeit seiner Körperteile korrespondieren mit dem hierarchischen Status, aus denen sie entstanden:

> „Zum Brahmana ist da sein Mund geworden,
>
> die Arme zum Ryjanya sind gemacht,
>
> der Vaishya aus den Schenkeln, aus den Füßen
>
> der Shudra damals ward hervorgebracht. (Rigveda 10.90)" (Bronger 1996, S. 109)

Den Ariern gilt der Kopf als wertvollster Körperteil, da die Seele eines Menschen sich direkt unterhalb der Schädeldecke befindet. Aus diesem Grund sei die höchste Kaste der Priester und Lehrer, die Brahmanen, aus dem Kopf des Purushas geschaffen, während die niedrigste Kaste der Shudras aus den Füßen geformt worden seien. Schon im Manu[2]-Smriti um ca. 1500 v. Chr. stand geschrieben: „Um diese ganze Schöpfung zu beschützen, teilte das Wesen mit dem großen Glanz der Menschen, je nachdem, ob sie aus seinem Mund, seinen Armen, seinen Schenkeln oder seinen Füßen hervorgingen, verschiedene Tätigkeiten zu. Dem Brahmanen befahl er, zu lehren und zu studieren, für sich selbst und für andere Opfer darzubringen, sie zu geben und zu nehmen; den Kshatriyas, kurz gesagt, das Volk zu beschützen, zu geben, für sich Opfer darzubringen, zu studieren, sich nicht an sinnliche Dinge klammern; den Vaishyas, Vieh zu halten, zu geben, für sich selbst Opfer darzubringen, zu studieren, zu handeln, gegen Zinsen Geld zu leihen und das Land zu bestellen; den Shudras aber hat der Herr nur eins geboten: den drei anderen Kasten neidlos zu dienen" (Bronger 1996, S. 273).

Eine Bevölkerungsgruppe, die sogar noch unterhalb der Shudras eingeordnet wird, sind die so genannten Unberührbaren. Diese wurden in dem varna–Modell nicht berücksichtigt und gelten als vollkommen unrein und fern jeder Göttlichkeit. (vgl. Basting/Hoffmann 2004, S. 46)

Zu Beginn gab es also nur die vier Hauptgruppen von Kasten: Brahmanen, Kshatriyas, Vaishyas und Shudras. Die vier traditionellen varna, die schon in den Veden, also in uralter Zeit, erwähnt worden sind, konnten sich noch gelegentlich durch Heiraten untereinander verbinden. Später jedoch wurden die Mauern unübersteigbar. Wer es dennoch versuchte, wurde aus seiner Kaste verbannt und verlor damit seine Seele. (vgl. Zierer 1985, S. 34) Außerdem lässt sich ein weiteres wichtiges Element des Kastenwesens, die Reinheitsvorschriften und die damit verbundene Rangordnung, für die spätvedische Zeit (900-600 v. Chr.) nachweisen.

Um 100 v. Chr. führte der Brahmane Manu in seinem Gesetzbuch an die 50 Kasten an, die sich als Untergruppen aus den vier ursprünglichen Kasten meist nach sozialem Stand, Beruf oder Abstammung herausgebildet haben.

Einen weiteren Beleg für die Existenz des Kastenwesens stellt der Bericht des chinesischen Pilgers Fa-hsien um 400 n. Chr. dar, der für diese Zeit Einzelheiten der rituellen Reinheitsvorschriften einschließlich des kastenspezifischen Merkmals der Unberührbarkeit schildert: „Die *Candlas* (die niedrigste Kaste) werden isoliert...und wenn sie zu einer Stadt oder einem Markt kommen, schlagen sie auf ein Holzstück, um

---

[2] „Manu ist eine mehr mythisch als historisch fassbare Gestalt, er gilt den orthodoxen Hindus als Stammvater der Menschheit" (Schweizer 1995, S. 97).

auf sich aufmerksam zu machen. Dann wissen die Leute, wer sie sind, und vermeiden es, mit ihnen in Berührung zu kommen" (Bronger 1996, S. 119).

Mit zunehmender wirtschaftlicher Entwicklung kam es zu einer feineren Differenzierung der Gesellschaft, indem die Berufsgruppen in Unterkasten aufgeteilt wurden. Der Staat zählt heute rund 3000 übergeordnete jatis und rund 25.000 Untergruppen. Diese letzteren spielen im sozialen Gefüge der Dörfer und Städte im heutigen Indien die wichtigste Rolle. (vgl. v. Stietencron 2001, S. 97)

2.2.2 Merkmale des Kastenwesens

Die Gesellschaftsstruktur in Indien, welche sich in Jahrtausenden herausgebildet hat, ist durch die Vorschriften der Kasten geprägt worden.

Bei dem Wort *Kaste* handelt es sich um einen oft – und das bis in die Gegenwart – missverstandenen Begriff, da die Sanskritworte varna und jati unterschiedslos mit *Kaste* übersetzt worden sind. (vgl. Bronger 1996, S. 109)

Der Begriff *varna* bezeichnet die vier Stände der Brahmanen, Kshatriyas, Vaishyas und Shudras und stellt das hierarchische Gesellschaftskonzept dar (vgl. Abb. 1). Der indische Name *jati* bedeutet: „Geburt und damit bestimmte Daseinsform, Rang und Zugehörigkeit zu einer Klasse oder Gattung" (Zierer 1985, S. 34).

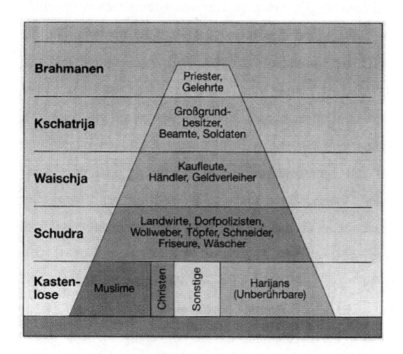

Abb. 1: Herkömmliches Kastensystem

(Quelle: Fischer, P. et al. (1995): Geographie. Mensch und Raum, S. 202)

Heute sind die vier varnas nicht Kasten, sondern Oberbegriffe beziehungsweise Rangstufen: Es gibt nicht nur eine Brahmanenkaste, sondern hunderte, die Unberührbaren zerfallen ebenfalls in viele hundert Untergruppen und die Shudras, die mit Abstand zahlreichste varna in etwa zwei,- bis dreitausend Kasten. Im Durchschnitt zählt eine Gemeinde mit 1000 Einwohnern etwa 20 Kasten beziehungsweise kastenähnliche Gruppen.

Die Angehörigen der drei oberen varnas gelten als ‚arisch' und werden durch eine Jugendweihe mit Umlegung der Brahmanenschnur zu Zweimalgeborenen. Die Shudras hingegen sind nicht arisch und somit nur Einmalgeborene. Noch unterhalb der Shudras stehen die Kastenlosen, Unberührbaren, Parias, Harijans, oder wie sie sich selber seit kurzem nennen, Dalits. (vgl. Bronger 1996, S. 109f., vgl. Bronger/v. d. Ruhren 1997, S. 23ff.) „Der Vielfalt und starken Differenzierung dieser fünften Schicht der Kastenlosen entspricht die heute meist gebrauchte Bezeichnung als „scheduled tribes and other backward castes", also der amtlich erfassten Stämme und anderen rückständigen Kasten" (v. Stietencron 2001, S. 97). Aber auch sie zerfallen in zahlreiche Kasten, die sich zum Teil schon wieder untereinander als unrein betrachten. Das Prinzip der Reinheit – Unreinheit legt den rituellen Status einer Gruppe innerhalb des jati–Modells fest. Es bestimmt den Grad der Reinheit und welche Meidungsstrategien gegenüber anderen angewandt werden. Als unrein gilt, wer gegen die von Brahmanen vorgelebten Verhaltensweisen verstößt. Vor allem sind dies Menschen aus einer niederen jati, die sich in einem ständigen Zustand der Unreinheit befinden. (vgl. Rothermund 1995, S. 120) Darunter fallen beispielsweise die Tötung von Tieren, das Essen von Fleisch oder die Destillation und das Trinken von Palmschnaps. Ebenfalls als unrein gilt derjenige, der gegen uralte ethnische Tabus verstößt, wie z. B. mit abgeschnittenen Haaren und Zehennägeln herumläuft oder mit Menstruationsblut in Berührung kommt. Auch Menschen, die die Fäkalien der Höherkastigen und die Tierkadaver beseitigen, oder diejenigen, die Leder verarbeiten, gelten als unrein. Der Grad der Unreinheit hängt vom Rang der jati ab. (vgl. Jürgenmeyer/Rösel 1998, S. 27)

Bronger (1996, S. 110) schreibt, dass indische Soziologen das überkommene varna–Konzept als „ideologisch" und „wirklichkeitsfremd" bezeichnen, es habe „ein falsches und entstellendes Bild der Kaste hervorgebracht. Es ist notwendig, ... sich davon freizumachen, wenn man das Kastensystem verstehen will." Steche bemerkt in diesem Zusammenhang, dass es „für die Gliederung in varnas in allen Ländern Analogien gibt, jatis, d. h. Kasten gibt es nur in Indien" (Steche 1966, S. 67, zit. nach Bronger 1996, S. 110).

Für das alltägliche Leben eines Hindu ist also die Feineinteilung der jati weit wichtiger als die varna.

Das jati-Konzept spiegelt sich vor allem in der Berufsbezogenheit und den Vorschriften der rituellen Reinhaltung durch pflichtmäßiges Handeln wider, des Weiteren enthält es beispielsweise auch ihre Heiratsvorschriften oder die Zubereitung von Speisen. (vgl. Betz 1997, S. 24) Diese Bezeichnung weist unmissverständlich darauf hin, dass jeder Hindu in eine jati hineingeboren wird, in ihr lebt und stirbt. (vgl. Basting/Hoffmann 2004, S. 48)

Das Kastenwesen, ein auf der Erde einzigartiges System, ist durch folgende, auch heute noch zutreffende Merkmale gekennzeichnet:

1. Die Kasten scheiden die Gesellschaft in in sich geschlossene, relativ autonome Gruppen, in die der einzelne hineingeboren wird.

2. Die Kasten sind hierarchisch zu einem System geordnet, in dem jede Kaste ihren festen, angestammten Platz innehat.

3. Dieser hierarchischen Struktur entsprechen unterschiedliche religiöse, soziale und, infolge der Kasten – Berufsbedingtheit (s. Punkt 6), auch wirtschaftliche Gebote, Verbote und Privilegien, die den unterschiedlichen Status der Kaste weiter fixieren.

4. Damit ist jeder einzelne bereits mit seiner Geburt gesellschaftlich festgelegt, indem ihm eindeutige Verhaltensmuster der Ein- und Unterordnung vorgeschrieben sind (Dharma; s. Punkt 9).

5. Zu den wohl einschneidendsten Verhaltensregeln gehört, dass die sozialen Kontakte von Mitgliedern verschiedener Kasten sehr eingeschränkt und reglementiert sind; mit anderen Worten: die Beziehungen auf dieser Ebene beschränken sich weitgehend auf Mitglieder ein und derselben Kaste. Dazu dienen kodifizierte Normen und Gebote, wie das der Endogamie (Zwang zur Heirat innerhalb der Kaste), der Speisevorschriften (Vegetarismus, Regeln betr. Tischgemeinschaft und Speiseannahme), der Reinheitsvorschriften etc.

6. Zu diesen vorgegebenen Verhaltensnormen, denen der einzelne unterworfen ist, gehört auch der durch die Kastenzugehörigkeit determinierte, der Kaste eigene, erbliche Beruf, der eine freie Berufswahl oder einen Berufswechsel weitgehend

ausschließt. Das Kastensystem hat mit dieser seiner strengen Pflichtenzuweisung eine oft differenzierte Arbeitsteilung zur Folge.

7. Im Unterschied zu den sozialen Kontakten ist der einzelne in seinen wirtschaftlichen Beziehungen grundsätzlich nicht eingeschränkt, wenngleich auch hier gewisse Regeln einzuhalten sind.

8. Die Kaste stellt eine Primärgruppe dar, mit einer unabhängigen und gerade bei den tiefer rangierenden jatis straffen Organisation mit einem Oberhaupt an der Spitze. Die Überwachung der Bräuche, Vorschriften und Privilegien, d. h. die Beachtung des Dharma innerhalb der Kaste und ihre Wahrung nach außen gegenüber den anderen Kasten, fällt in die Zuständigkeit des Kastenrates (caste panchayat), der, um die Einhaltung zu gewährleisten, über eine eigene Gerichtsbarkeit mit umfassender Kompetenz verfügt, bei schweren Verstößen bis zur Exkommunikation. Der Einzelne ist damit der Institution *Kaste* in toto unterworfen, er steht durch Geburt in einer unlösbaren kollektiven Bindung. Eine solche Kastenorganisation umfasst in der Regel mehrere benachbarte Siedlungen.

9. Das Funktionieren dieses uns totalitär und autoritär erscheinenden Systems mit seinen so offensichtlichen Ungleichheiten beruht vor allem auf zwei Prinzipien oder Anschauungen des Hinduismus als eines religiös – sozialen Systems: a) dem Glauben an die Karmagesetzlichkeit, d. h. der naturgesetzlichen Bestimmung der Art des gegenwärtigen Daseins durch die Taten der vorhergegangenen Existenz und b) der Erfüllung der bürgerlichen und religiösen Pflichten (Dharma). Diese beiden Gesetze des Glaubens, von dem frommen Hindu als feststehende moralische Ordnung akzeptiert, neutralisieren individuelle Aufstiegsmotivationen, machen eine vertikale Mobilität im sozialen Bereich für den einzelnen nicht relevant. (nach: Bronger/v. d. Ruhren 1997, S. 24f.)

Eine weitere Schwierigkeit kommt noch bei der Unterscheidung der Rangordnung der vielen Kasten hinzu, da die einzelnen Merkmale nicht von allen Kasten gleich beurteilt werden und auch in den verschiedenen Regionen mannigfach sein können.

Für ganz Indien gibt es also kein einheitlich gültiges Kastenwesen. Vielmehr gilt die Kastenstruktur immer nur für eine bestimmte, manchmal auch sehr kleine Region. (vgl. Bronger/v. d. Ruhren 1997, S. 25) Sie bleibt aber ständig in Bewegung, weil aufgrund eigener Bemühungen oder einer Änderung der wirtschaftlichen, politischen und kulturellen Rahmenbedingungen bestimmte Kasten an Macht, Einkommen und Prestige gewinnen oder verlieren. Entsprechend diesen Veränderungen erlangen die Kasten einen höheren oder niederen sozialen Status und Grad an Reinheit.

2.2.3 *Kaste* im sozialen Leben

Einem Europäer, der nach den Prinzipien von Individualität und Selbstverwirklichung erzogen wurde, mag das Kastenwesen als ungerecht erscheinen. Auch sind die Kasten Indiens nicht zu vergleichen mit den Klassen der westlichen Gesellschaft. Im Lichte der sozialen und kulturellen Realität Indiens erhält das Kastenwesen eine völlig andere Bedeutung, denn es stellt für die hinduistische Bevölkerung ein soziales Netz dar. (vgl. Barkemeier 2001, S. 101) In Indien trägt jeder die Zeichen seines Lebensbereiches, dem er angehört, an sich.

Eine indische Kaste besteht meist aus Familiengruppen, deren Mitglieder untereinander heiraten, speisen, verkehren und arbeiten dürfen, ohne sich dabei zu verunreinigen. Die Zugehörigkeit zu einer Kaste erlangt ein Inder mit der Geburt und keiner kann seine Kaste wechseln. Die Einhaltung bestimmter Gebote wird von der Kaste überwacht, indem sie Gerichtsbarkeit über ihre Mitglieder ausübt. (vgl. Bender et al. 1984, S. 195)

In ihrer ursprünglichen Art sind die Kasten untereinander hierarchisch geordnet. Der Rang der Kaste und damit des Einzelnen im sozialen System ist nach wie vor die Richtschnur für den Umfang der sozialen, aber auch der wirtschaftlichen Beziehungen innerhalb der Gemeinde. Allerdings ist es falsch sich hier eine für ganz Indien gültige, klar definierte Rangskala vorzustellen. (vgl. Bronger 1996, S. 113ff., vgl. Bickelmann/Fassnacht 1979, S. 67ff.)

Eindeutig ist jedoch, dass an der Spitze der Hierarchie die Brahmanenkasten rangieren und die Unberührbaren das untere Ende der Skala bilden. Doch welche Kasten jeweils dazugehören, ist regional durchaus unterschiedlich. Bronger (1996, S. 115) nennt hierzu ein Beispiel: Die Weberkasten werden in den meisten Regionen Zentral- und Nordindiens zu den Unberührbaren gerechnet, während sie im südlichen Indien [...] einen geachteten Platz im Mittelfeld einnehmen.

Das Hauptkriterium für den Rang einer Kaste innerhalb dieser Stufenleiter sind nach wie vor der angeborene Status und die rituellen Privilegien, die für jede Kaste und Unterkaste festgelegt sind. Somit ist eine wesentliche Ursache der enge Zusammenhang zwischen Kaste und Beruf, welcher innerhalb einer Familie erblich ist. Bronger (1996, S. 115) begründet dies dadurch, dass die ganz überwiegende Anzahl der Kasten reine

Berufskasten sind, die auf die Verrichtung des von ihnen traditionell ausgeübten Berufes ein Monopol besitzen.

Außerdem herrscht in den Vorstellungen der Hindus auch eine Hierarchie der Berufe, die in unmittelbarem Zusammenhang mit ihren Reinheitsvorstellungen und –geboten steht. Eine eindeutige Zuordnung kann hierzu jedoch nicht in jeder Hinsicht gültig sein, weil es

1. eine Reihe von „neuen" Berufen gibt, die daher außerhalb des Kastendharmas stehen, wie solche in der Industrie, und

2. eine Reihe von Kastenberufen in ihrem rituellen Rang von Region zu Region offensichtlich unterschiedlich bewertet werden. Dazu gehört das bereits genannte Beispiel der Weber. Immerhin scheint sich die überlieferte Vorstellung zu bestätigen, wonach die Landwirtschaft am höchsten, der Handel in der Mitte und das Betteln weit unten rangiert. (nach: Bronger 1996, S. 116)

Für jede Kaste ist der Orientierungsrahmen weder der Bundesstaat oder der Distrikt, sondern in allererster Linie ihr Gemeindeverband bzw. ihr Dorf. Das einzelne Dorf bildet eine weitgehend autarke und deshalb sozial und funktionell hoch differenzierte Einheit. (vgl. Jürgenmeyer/Rösel 1998, S. 25) Hier sind die jatis organisiert, wirtschaftlich eingebettet und reglementieren alle Lebensbereiche eines Hindu. Die Gliederung der Dorfbevölkerung, in der jeder einzelne lebt, spiegelt sich in der Siedlungsstruktur des Dorfes wider (vgl. Abb. 2). Die Häuser der Brahmanen stehen fast ausnahmslos im Zentrum der Gemeinde. Sie besitzen ihre eigenen Tempelanlagen und Wasserstellen, von denen die Bewohner der niederen Kasten ausgeschlossen sind. Diese niederen Haushalte, wie etwa die der Padmashali oder Madiga Kasten, leben meist in mit Reisstroh gedeckten Hütten, selten nur in Häusern, am Rande des Dorfes. Auch sie verfügen über ihre eigenen Wasserstellen, da es ihnen bis heute untersagt ist, Wasser aus den Brunnen der Höherkastigen zu nehmen. Der Aufbau und die räumliche Separierung dieser Gemeinde ist typisch für ganz Indien. Jede Kaste siedelt sich also in einem eigenen Kastenviertel an, was an der unterschiedlichen Gliederung der Siedlung sichtbar wird. Auch lassen sich hieran die wirtschaftlichen Unterschiede der Kasten erkennen und der bereits erwähnte Kaste - Rang Komplex wird ebenfalls daran deutlich. Überall in Indien gibt es eine dominante Bauernkaste. Ihre Machtposition ergibt sich aus ihrem Landbesitz und ihrer Kontrolle der Arbeitsmöglichkeiten. (vgl. Rothermund 1995, S. 119f.)

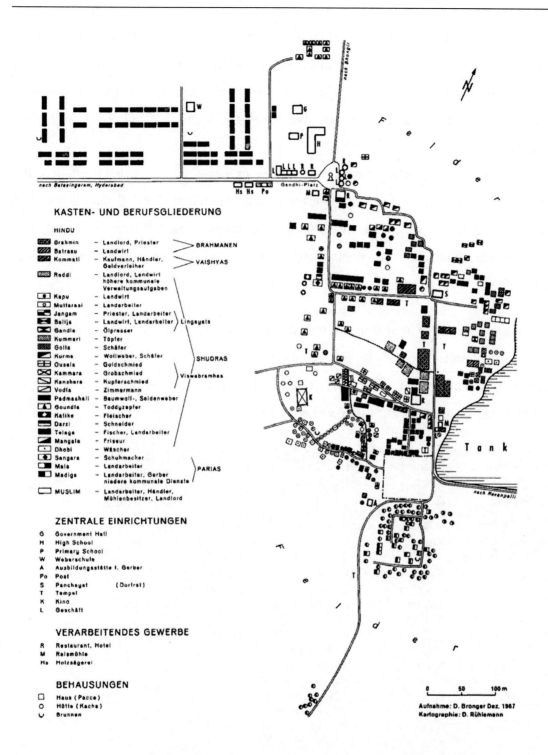

Abb. 2: Kasten- und Berufsgliederung in einer südindischen Gemeinde

(Quelle: Bronger, D. (1996): Indien. S. 126)

In Indien hat die kastenbedingte Arbeitsteilung eine gegenseitige Abhängigkeit der einzelnen Kasten untereinander zur Folge. Dies macht sich vor allem zwischen den Landbesitzern einerseits und den Handwerks- und Dienstleistungskasten andererseits bemerkbar. Dieses System der wirtschaftlichen Beziehungen, welches für ganz Indien nachgewiesen ist, wird als Jajmani-System benannt. Denjenigen, dem die

Dienstleistungen erbracht werden, nennt man Jajman, der die Dienste verrichtet, ist der Kamin. Da in einem Dorf nicht alle Dienstleistungen von den Bewohnern selbst erbracht werden können, ist das Jajmani-System nicht nur auf ein Dorf beschränkt, sondern es erstreckt sich auch auf die Nachbargemeinden. (vgl. Gräfin v. Schwerin 1996, S. 51ff.)

Die Shudras und Unberührbaren werden jedoch immer noch von den Mitgliedern der reinen Kasten als Untermenschen angesehen. Sie werden sozial und räumlich an die Peripherie gedrängt, von Tempeln, öffentlichen Brunnen und Plätzen verbannt, von menschenwürdigen Wohn-, Arbeits- und Lebensmöglichkeiten ausgeschlossen (vgl. Kapitel 3.2.4). (vgl. Basting/Hoffman 2004, S. 47)

Heutzutage sind Kaste und Beruf schon längst nicht mehr so identisch wie noch vor einem Jahrhundert. Eher schon lässt sich die Kastenzugehörigkeit vieler Inder an ihrem Namen erkennen. Jeder Inder weiß, dass ein Batrasu aus einer südindischen Brahmanenkaste stammt oder ein Reddi ein Shudra sein muss (vgl. Abb. 3).

Brahmanen	Brahmin	Landlord, Priester
	Batrasu	Landlord
Kshatryas	Rajput	Landlord
Vaishyas	Komti	Kaufmann, Händler, Geldverleiher
Sudras	Reddi	Landlord, Landwirt, höhere kommunale Verwaltungsaufgaben
	Kapu	Landwirt, Dorfpolizist
	Lingayat	Landwirt, Pächter, Landarbeiter
	Telaga	Pächter, Landarbeiter, Landwirt
	Kurma	Wollweber, Schäfer
	Padmashali	Baumwoll-, Seidenweber
	Ousala	Goldschmied
	Kamsala	Silberschmied
	Kanshara	Kupferschmied
	Kammara	Grobschmied
	Vodla	Zimmermann
	Kummara	Töpfer
	Medari	Korbflechter
	Darzi	Schneider
	Katike	Metzger
	Mangala	Friseur
	Dhobi	Wäscher
	Voddera	Stein-, Erdarbeiter
	Erkala	Jäger, Schweinehalter
Harijans	Mala	Landarbeiter
	Madiga	Gerber, Landarbeiter

Abb. 3: Wichtige Kasten und ihre traditionellen Berufe

(Quelle: Bichsel/Kunz (1982): Indien. S. 21)

Vor allem aber haben viele Kasten begonnen, sich von innen her zu wandeln. Besonders betrifft dies die mobile Oberschicht, die nicht mehr im Kastendenken befangen ist. Für diese Gruppe löst sich selbst das Heiratstabu außerhalb der jati, wenn auch nur sehr zögerlich. Allerdings machen diese nur einen winzigen Bruchteil der indischen Gesamtbevölkerung aus, nehmen jedoch innerhalb der indischen Demokratie eine wichtige neuartige Rolle ein.

Durch die Industrialisierung Indiens in den letzten Jahrzehnten wirkt der Mittelschicht das Festhalten an der Kaste der sozialen Desintegration entgegen. (vgl. Bickelmann/Fassnacht 1979, S. 69, vgl. Gräfin v. Schwerin 1996, S. 57ff.)

Die seit der Unabhängigkeit Indiens in verstärktem Maße stattfindenden Binnenwanderungen führten zu keiner Auflösung der bestehenden Kastenverbindungen, wie es anfänglich vermutet wurde. Durch die stets kapitalintensivere Landwirtschaft sind viele Bauern niederer Kasten gezwungen ihre Arbeit aufzugeben.

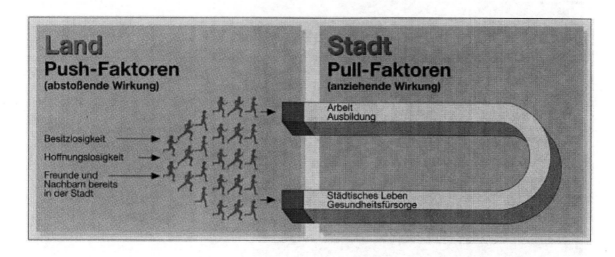

Abb. 4: Push- und Pullfaktoren

(Quelle: Fischer, P. et al. (1995): Geographie. Mensch und Raum. S. 139)

Da es im ländlichen Raum kaum Alternativen gibt, verstärken sich die Land-Stadt-Wanderungen, denn verschiedene Faktoren, wie z. B. Rationalisierung der Landwirtschaft, Verschuldung und Vernichtung des traditionellen Gewerbes, aber auch die Hoffnung auf Arbeit, sozialer Aufstieg und Entlastung von sozialen Normen beeinflussen die Bevölkerung und locken sie in die Ballungsgebiete (vgl. Abb. 4). Auch die Angehörigen der jüngeren Generation lassen sich immer häufiger vom Glitzern der Großstädte anziehen.

Besonders in den Vororten der großen Städte, wie z. B. Kalkutta oder Bombay, finden sich die zugewanderten Kastenangehörigen aus verschiedenen Regionen nach Möglichkeit wieder zusammen. Dort bilden sich die so genannten Slums, die Elendsviertel der Stadt (vgl. Abb. 5), welche sich aus den Angehörigen vor allem der niederen Kasten zusammensetzen.

Abb. 5: Slums – der räumliche Ausdruck des Kastenwesens in indischen Städten
(Quelle: Fischer, P. et al. (1995): Geographie. Mensch und Raum. S. 207)

Ein Ausbrechen aus diesem Elend ist kaum möglich, da es einfach zu teuer ist, denn seinem Kastendrang entsprechend findet der Slumbewohner allenfalls die am schlechtesten bezahlten Arbeiten oder sinkt in den sog. *Informellen Sektor* ab. (vgl. Bronger/v. d. Ruhren 1997, S. 112) Bichsel und Kunz (1982, S. 94) bezeichnen die Elendsviertel nicht als Durchgangsstationen zu städtischen Lebensformen, sondern als „permanente Lebensformen unterprivilegierter Gruppen."

Das Kastenwesen in dieser Form bindet also die Hindus noch heute in eine vorgegebene Sozialstruktur ein, trennt sie aber auch streng in unterschiedliche Schichten mit sehr verschiedenen Lebensformen, Bildungsvoraussetzungen und wirtschaftlicher Basis.

2.2.4 Diskriminierung am Beispiel der Unberührbaren

Eine vorrangige Aufgabe für das unabhängige Indien ist, jegliche Diskriminierung von Religion, Kaste, Rasse und Geschlecht abzuschaffen.

Unberührbarkeit in ihrer ursprünglichen Form bedeutet, dass alle anderen Kasten in einem genau reglementierten und nicht überschreitbaren sozialen Abstand von den Unberührbaren stehen. Die offizielle Bezeichnung für Unberührbare im heutigen Indien lautet *scheduled castes*. Der Ausdruck Dalit, (vgl. Kapitel 5.1) ist eine Selbstbezeichnung der als Unberührbare aus dem Kastenwesen ausgeschlossenen Menschen. Dieser dürfte auch der Realität am ehesten entsprechen und soll im Folgenden benutzt werden.

Mahatma Gandhi, der die Unberührbaren in die Hindu–Gesellschaft integrieren wollte und sich vehement für eine Besserstellung dieser einsetzte, verlieh ihnen den Namen Harijans, was so viel bedeutet wie *Kinder Gottes*. Er schrieb über die Situation der Unberührbaren folgendes: „Ob ein Harijan sich einen Christen, Muslim, Hindu oder auch Sikh nennt – er bleibt doch ein Harijan. Er kann seinen vom sog. Hinduismus ererbten Makel nicht ändern. [...], seine ‚Unberührbarkeit' wird ihn verfolgen, solange er lebt" (Schweizer 1995, S. 230). Damals hat Gandhi aber wohl nicht geahnt, dass eine solche Feststellung auch sieben Jahrzehnte nach seinem Tod noch genauso aktuell sein wird.

Der Name Harijan wurde von den Dalits immer abgelehnt, da sie nicht als schützenswerte Kinder, sondern als gleichberechtigte Menschen und Inder angesehen werden wollten. (vgl. Rothermund 1995, S. 127ff.) Dalits stellen ein Sechstel der indischen Gesamtbevölkerung und sind die wohl größte benachteiligte Minderheit, die es auf der Erde gibt. Die meisten von ihnen leben in großer Armut. Vor allem aber werden ihnen bis heute wesentliche Menschenrechte vorenthalten: Schutzlos sind sie jeden Tag neuen Diskriminierungen und Misshandlungen ausgesetzt. Als Kastenlose stehen sie außerhalb des hinduistischen Gesellschaftssystems, welches besagt, dass jeder Hindu in eine bestimmte Kaste hineingeboren wird. Allein die Kaste ist ausschlaggebend für die Würde und die Rechte, die jemand in der indischen Gesellschaft besitzt. (vgl. Bronger 1996, S. 117)

Erst seit 1950, als eine demokratische, sozialistische und säkulare Verfassung (vgl. Auszug aus der Indischen Verfassung) in Indien eingeführt wurde, gilt die Unberührbarkeit als abgeschafft und soll offiziell als strafbares Vergehen geahndet werden. Vor allem die Artikel 15 und 16 verbieten ausdrücklich jegliche Diskriminierung wegen Religion, Geschlecht und Kaste. Aufgrund der traditionell hierarchischen Struktur der Gesellschaft ist dies als nahezu revolutionär zu bezeichnen.

---

§ 14 Der Staat darf keiner Person Gleichheit vor dem Gesetz oder den Schutz durch das Gesetz verweigern.

§ 15 Der Staat darf keine Bürger benachteiligen (discriminate) aus Gründen seiner Zugehörigkeit zu einer bestimmten Religion, Rasse oder Kaste oder seines Geschlechtes oder seiner Geburtstellung wegen.

§ 17 Die „Unberührbarkeit" ist abgeschafft, und ihre Aufrechterhaltung in irgendwelcher Form ist verboten. Die Durchsetzung irgendwelcher aus Unberührbarkeit sich ergebender Rechtsnachteile soll ein gemäß den Gesetzen strafbares Vergehen sein.

§ 19 *Alle* Bürger besitzen das Recht, jeden Beruf auszuüben oder jede Art der Beschäftigung oder des Handels zu betreiben.

§ 46 Der Staat soll mit besonderer Aufmerksamkeit die schulischen und wirtschaftlichen Interessen der schwächeren Gesellschaftsgruppen vertreten, insbesondere die der registrierten Kasten und registrierten Stämme und sie vor sozialer Ungerechtigkeit und allen Arten der Ausbeutung schützen.

Auszug aus der Indischen Verfassung vom 26.01.1950

(Quelle: Bronger, D. (1996): Indien. S. 273, Gräfin v. Schwerin, K (1996): Indien. S. 48f.)

Die Unberührbarkeitsakte aus dem Jahr 1955 und das Nachtragsgesetz aus dem Jahr 1976 verschärfen die verfassungsmäßigen Bestimmungen. Auch hat die Regierung von Indien einen Sonderbeamten, den ‚Bevollmächtigen für klassifizierte Kasten und klassifizierte Stämme' ernannt. Die Provinz- oder Staatsregierungen haben eigene Sozialämter eingerichtet, die sich um das Wohlergehen der Unberührbaren kümmern sollen.

Trotzdem hat sich die Lage in Indien kaum verbessert, da die Verfassung ebenso wie die später verabschiedeten Gesetze ignoriert oder verletzt wurden und werden. In der Praxis hat sich nur wenig an der Situation dieser großen Bevölkerungsgruppe geändert, wie an erschütternden Tatsachenberichten deutlich wird:

Der fünfzehnjährige Bauer Babalu Bherwa ist Mitglied und Vertreter auf dem WSF[3], der Kampagne für den Kampf um die Menschrechte der Dalits. Über seine Situation als Dalit schrieb er folgendes:

„Ich hab einen Monat bis hierher gebraucht, aber ich wollte unbedingt dabei sein, damit die restliche Welt erfährt, welches Los den Dalits („Unberührbaren") in diesem Land zuteil ist. Offiziell ist zwar das Kastensystem abgeschafft worden, aber behandelt werden wir weiterhin wie Untermenschen. In meinem Dorf in Radschastan dürfen wir nicht mal unser Trinkwasser aus dem selben Brunnen schöpfen, einen Tempel betreten, oder irgendeinen Gegenstand anrühren, der einem Menschen aus einer hohen Kaste gehört. Bis vor kurzem durften wir nicht mal in demselben Becken baden, wobei sogar Kühe und Hunde drin baden dürfen. 2000 hab ich mir vorgenommen, gegen diese Ungerechtigkeit zu protestieren, denn in unserem Becken gab es kein Wasser mehr und wir konnten uns nicht mehr waschen. Mein Neffe und ich sind also in die Becken der hohen Kasten gesprungen. Am Abend sind 50 Leute zu mir gekommen und wollten uns verhauen. Zum Glück ist es uns gelungen, ihnen den Zugang zu versperren. Die Polizei hab ich zwar gerufen, aber ich bin getadelt worden. Sie haben mich gefragt, warum ich gegen die Tradition handelte. Dann haben die hohen Kasten versucht mir eine Geldstrafe aufzuerlegen und einen Entschuldigungsbrief unterzeichnen zu lassen, aber ich habe mich dazu geweigert. Dann wollten sie mich von der Gemeinde ausschließen lassen. Keiner wollte mir mehr einen Traktor leihen und auf dem Markt irgendwas verkaufen. Sogar die anderen Dalitfamilien erhielten Drohungen, wenn sie mich ansprachen. Schließlich ist die NCDHR[4] mir zu Hilfe gekommen, die ganze Geschichte wurde mediatisiert und die Regierung musste eingreifen. Jetzt dürfen wir in dem Becken baden. Die anderen Diskriminierungen bestehen zwar weiter, aber es ist immerhin ein Beweis, dass man gegen das Kastensystem ankämpfen kann. Wenn alle Dalits zusammenhalten, wird unsere Anwesenheit [...] die restliche Welt dazu bewegen, Druck auf die indische Regierung auszuüben, denn bisher kommen die Behörden uns überhaupt nicht zu Hilfe" (www.dalit.de).

Die Sozialistische Zeitung (Februar 2004) bringt einen weiteren interessanten Artikel zum Thema hervor:

---

[3] Weltsozialforum
[4] National Campaign on Dalit Human Rights

„... Die Dalit fordern Schutz vor gewalttätigen Übergriffen seitens Angehöriger der Kaste; die Verteidigung ihrer sozialen Rechte gegenüber der Politik der indischen Regierung; die Achtung der Würde der Frauen, [...]; das Recht auf eine Zukunft für ihre Kinder. Sie sehen sich als Opfer des Marktes und des Militärs, [...] und des religiösen Fundamentalismus, des Kastensystems und des Patriarchats, und vor allem [...] der Kaste der Brahmanen. Sie appellieren an die Solidarität und die Einheit aller demokratischen, [...] und sozialistischen Kräfte. Die Mobilisierung der Dalit, zumal auf dem Land, hat zu wachsender Gewalt gegen sie geführt: ihre Hütten werden in Brand gesteckt, Männer gefoltert und ermordet, Frauen und Töchter vergewaltigt und getötet. Allein im Jahr 2000 wurden offiziell 24.000 Gewalttaten registriert, darunter 3.000 Morde. 1989 musste die indische Regierung ein Gesetz dagegen verabschieden, aber es wird nicht befolgt" (www.dalit.de).

Wie in den aktuellen Presseberichten deutlich wird, gehört nicht nur Diskriminierung, sondern auch Gewalt gegenüber Unberührbaren in Indien zum Alltag. Doch was genau veranlasst diesen Terror? Das normative Rahmengerüst des Kastenwesens beinhaltet Ausgrenzung und Diskriminierung der Unberührbaren in geschäftlichen und nicht-geschäftlichen Transaktionen sowie soziale Beziehungen:

- Vernachlässigung mancher Gruppen bei der Job-Vergabe oder auch beim Erwerb von Produktionsfaktoren wie Ackerland, sozialen Dienstleistungen wie Bildung, Wohnung und Gesundheit und freien Gütern wie Wasser, Land etc.

- Differenzen zwischen dem erzielten Preis und dem Marktpreis. Dies kann den Preis von Investitionen und Konsumgütern, den Preis von Produktionsfaktoren sowie für Arbeitslöhne, Land oder Pacht, Wasser und Elektrizität einschließen.

- Ausschluss von bestimmten Berufstätigkeiten und Verbote, bestimmte Güter zu kaufen bzw. zu verkaufen.

- Konfrontation mit Diskriminierung und Ausgrenzung, wenn sie öffentliche Wege, Tempel, Wasserstellen und anderes benutzen wollen.

- Generelle Ausgrenzung infolge der physischen Segregation und der sozialen Benachteiligung augrund der Unberührbarkeit. Diese Tatsache, dass sie nicht am Gesellschaftsleben teilnehmen können, lässt das Leben eines Unberührbaren verarmen. (nach: Schweizer 1995, S. 204f.)

Es ist oft schwierig, Diskriminierung aufgrund der Kastenzugehörigkeit nachzuweisen und zu bestrafen. Dies ist auf die Machtstrukturen zurückzuführen, weil zum einen die

Diskriminierten es nicht wagen, gegen die dominanten Kasten Anklage zu erheben, und zum anderen, weil solche Anklagen selten weiterverfolgt werden. Die Dunkelziffer liegt also noch um einiges höher. (vgl. Rothermund 1995, S. 128)

Ein bedeutender Aspekt des politischen Systems im heutigen Indien ist die Politik der *positiven Diskriminierung*. Mit diesem System will der Staat sicherstellen, dass die Unberührbaren, trotz heftigster Proteste der höheren Kasten, jetzt eine gesellschaftliche Chance durch Bildung und Beschäftigung bekommen.

Ein wichtiger Sprecher der Dalits war Bhimrao Ramji Ambedkar[5], der sich als Anwalt, Politiker und Pädagoge für eine Abschaffung der Kasten einsetzte (vgl. Kapitel 5.1). Er arbeitete nicht nur an der Verfassung eines unabhängigen Indiens mit, sondern initiierte die Massenkonversion von Dalits zu einer von ihm selber entwickelten Form des Buddhismus, die keine Kasten kennt.

---

[5] „Dr. B.R. Ambedkar (1891-1956), verehrend auch Babasaheb genannt, stammte aus einer "Unberührbaren"-Jati (Kaste) Maharashtras, den Mahars. Während der zwanziger Jahre stieg er zum unumstrittenen politischen Führer der indischen "Unberührbaren" (Dalits) auf" (www.dalit.de). Die demokratische Verfassung Indiens ist untrennbar mit seinem Namen verbunden.

3 Hemmnisse für die wirtschaftliche Entwicklung in Indien durch Hinduismus und Kastenwesen

Das entscheidende Entwicklungshemmnis auf dem Weg zu schnellem wirtschaftlichem Wachstum und technisch-industriellen Fortschritten – so lautet eine oft geäußerte Kritik an der indischen Gesellschaft – sei der Hinduismus mit seinen weltabgewandten Vorstellungen und den traditionellen Denk- und Verhaltensweisen.

Verschiedene Betrachtungen und Klischees über die Wertordnung und das religiöse Verhalten scheinen die These von der Rückschrittlichkeit des Hinduismus zu bestätigen. Dagegen spricht allerdings die Beobachtung, dass Inder im Ausland häufig äußerst erfolgreich sind, wie z. B. in den USA, wo sie die reichste ethnische Minderheit bilden.

Starrsinnige Verfechter der Moderne kommen jedoch zu der Schlussfolgerung, der Hinduismus selbst und nicht nur dessen Auswüchse verhinderten die wirtschaftliche Entwicklung. Das Dilemma der Armut und Unterentwicklung könne nur durch eine Säkularisierung der gesamten Gesellschaft beseitigt werden. Doch der Hinduismus verbietet keineswegs ein wirtschaftliches Erfolgsstreben, sondern dem gläubigen Hindu ist sogar angewiesen, sich um *artha* zu kümmern, was so viel heißt wie Wohlstand zu erwerben und ein aktives Leben zu führen.

Somit ist die indische Mittelklasse der Ansicht, dass hinduistischer Spiritualismus und westlicher Materialismus sich gegenseitig nicht ausschließen, sondern sich zu einer effektiven Synthese vereinen könnten. Aber das Kastenwesen, als der reale soziale Ausdruck des Hinduismus, behindert die Entwicklung Indiens. Es beeinflusst unter anderem die Besetzung von Regierungsämtern und Posten in der Administration, Wahlen auf regionaler und nationaler Ebene und auch die hierarchischen Strukturen besonders in den Dörfern. (vgl. Storkebaum 1989, S. 74)

Die Mutmaßung, dass das indische Sozialsystem hierarchisch und starr sei, die Zugehörigkeit zu einer bestimmte Kaste den sozialen und wirtschaftlichen Status eines Individuums bestimme, ist allerdings eine überholte, wenn auch noch oft benutzte Vorstellung. (vgl. Bender et al. 1984, S. 196) Obwohl sich auch heute noch viele Beweise für die Wirksamkeit der Starrheit des Kastenwesens finden lassen und auch bequeme Rechtfertigungen zur Aufrechterhaltung bestehender wirtschaftlicher und sozialer Ungleichheitsstrukturen verwendet werden, entspricht es nicht der Realität. (vgl. Storkebaum 1989, S. 74)

„Das Kastenwesen kann nur als eine – in der Vergangenheit häufig überbetonte - ... rituelle Größe angesehen, nicht jedoch als strukturiertes Prinzip der indischen Gesellschaft betrachtet werden" (Bronger/v. d. Ruhren 1997, S. 19).

Im Folgenden sollen die Auswirkungen des Kastenwesens in der Landwirtschaft, der Industrie und im Dienstleistungssektor aufgezeigt werden. Um die Frage zu beantworten, ob das Kastenwesen entwicklungshemmend ist, sollen Beispiele dargelegt werden, die den Zusammenhang zwischen Kaste und dem jeweiligen Wirtschaftssektor verdeutlichen.

3.1   In der Landwirtschaft

Die Landwirtschaft ist nach wie vor der bedeutendste Sektor für die Zukunftsgestaltung Indiens und daran wird sich auch in absehbarer Zeit kaum etwas ändern.

In der indischen Volkswirtschaft erwirtschaftet der Agrarsektor etwa 25 Prozent des Bruttoinlandsprodukts. Ca. 70 Prozent der indischen Bevölkerung leben auf dem Lande und für 63 Prozent stellt die Agrarwirtschaft direkt oder indirekt ihre Existenzgrundlage dar. Es werden 43 Prozent der Landesfläche für landwirtschaftliche Aktivitäten genutzt, wobei - an Flächenanteilen gemessen - Reis die wichtigste Anbaufrucht, gefolgt von Weizen, ist. Reis stellt auch zugleich für weite Teile der Bevölkerung Indiens das Hauptnahrungsmittel dar. Indien ist nach China der zweitgrößte Reisproduzent der Erde. Der Anbaufläche nach folgen Zuckerrohr, Tee, Baumwolle und Jute. Bei diesen Produkten zählt Indien zu den führenden Produzenten weltweit. Tee und Jute werden zu einem großen Teil exportiert.

Die Leistungsfähigkeit der Landwirtschaft ist stark von der Variabilität der jährlichen Monsunregen abhängig, so dass bei den Ernteergebnissen große Schwankungen auftreten, welche sich dann auch auf andere Wirtschaftszweige auswirken.

Normalerweise gibt es zwei Ernten im Jahr, die erste während der Regenzeit (kharif), die zweite während der Trockenzeit (rabi) auf der Basis der Tankbewässerung.

Die Probleme der Landwirtschaft in Indien lassen sich durch folgende Problemkreise umreißen:

1.   Steigerungen der landwirtschaftlichen Produkte müssen im Zusammenhang mit dem Bevölkerungswachstum gesehen werden, entscheidend ist die Steigerung der Nahrungsmittelproduktion pro Kopf.

2.   Der Kampf gegen den Hunger ist nicht nur eine Frage der Produktionssteigerung, sondern auch ein Verteilungsproblem, das abhängig ist von der Verbesserung der Infrastruktur, besonders des Verkehrswesens, und der Einbindung der zahllosen indischen Dörfer in ein Marktsystem. Zum Ausgleich von Missernten in Dürrejahren ist ein effektives Lagerungssystem erforderlich.

3.   Zum Ausgleich regionaler Unterschiede zwischen wirtschaftlich dynamischen Anbaugebieten mit hohen Steigerungsraten und stagnierenden Regionen sind Strukturmaßnahmen erforderlich, die die räumlichen Disparitäten verringern und die Produktivität auch bei anderen Produkten erhöhen.

4.   Eine Intensivierung der Landwirtschaft kann heute weniger durch eine Ausweitung der bebauten Fläche als durch Ausnutzung und Erweiterung des Bewässerungslandes und durch Modernisierung der landwirtschaftlichen Methoden erreicht werden.

5.   Die Bekämpfung der ländlichen Armut, deren Ursachen die Landverteilung, das gerade noch auf dem Lande wirksame Kastensystem und die Schuldknechtschaft der vielen Landlosen und Kleinpächter sind, kann nur durch einschneidende Agrarreformen und eine Verbesserung des Kreditwesens auf dem Lande erreicht werden.

6.   Das industrielle Wachstum Indiens ist nur durch die flankierende Entwicklung der Agrarwirtschaft möglich, welche Nahrungsmitteleinfuhren erübrigt und die wachsende Stadtbevölkerung versorgen kann. (nach: Storkebaum 1989, S. 75)

Mitte der sechziger Jahre knüpfte die indische Landbevölkerung große Hoffnungen an die *Grüne Revolution*. Unter diesem Begriff wird eine besonders für den tropischen Raum entwickelte Agrartechnologie verstanden, die durch Verbindung von hochertragreichem Saatgut, Kunstdünger, Pflanzenschutz, Bewässerung und modernen Bodenbearbeitungsmethoden in Verbindung mit der Mechanisierung zu einer erheblichen Steigerung der Hektarerträge führen kann. Die Erfolge der Grünen Revolution waren eindrucksvoll. Überdurchschnittliche Steigerungsraten mit ca. 80 Prozent beim Reis und mehr als 200 Prozent beim Weizen waren von 1965 bis 1982 zu verzeichnen. Doch diese Erfolgszahlen sind kritisch zu beurteilen, da vom Aufschwung fast ausschließlich diese beiden Getreidesorten betroffen waren und andere wichtige Nahrungsgetreide, wie z. B. Hirse und Hülsenfrüchte, nach wie vor kaum eine Produktionserhöhung erbrachten. Den entscheidenden Beitrag zur

Produktionssteigerung leistete allerdings der verstärkte Einsatz von Kapital. Aus diesem Grund waren auch in erster Linie die reichen Großbauern begünstigt, da sie sowohl über ausreichend Bewässerungsland als auch über die finanziellen Mittel zur Nutzung der neuen Agrartechnik verfügten. Kleinbetriebe und Subsistenzbauern hatten in der Regel kaum Anteil am Fortschritt der *Grünen Revolution.* (vgl. Bender et al. 1984, S. 199f.)

Trotz aller Produktionssteigerungen und Verbesserungen der ländlichen Infrastruktur blieben die Ergebnisse aber weit hinter den Planungen und Erwartungen zurück, so dass sich die Situation der ländlichen Bevölkerung kaum verbessert hat. Im Gegenteil, die Beschäftigungssituation auf dem Land verschärft sich weiter und auch die Einkommensdisparitäten vergrößern sich.

Die heutigen Besitzverhältnisse sind im Wesentlichen das Ergebnis der traditionellen, vom Kastenwesen geprägten Agrarsozialstruktur. Die Größe des Landbesitzes steht weitgehend mit der Kastenzugehörigkeit im Zusammenhang (vgl. Tab. 1).

Tab. 1: Größe des Landeigentums nach Kastenzugehörigkeit am Beispiel von sechs Gemeinden des Deccan-Hochlandes

Sozialökonomische Schicht	Kaste	Anzahl der Familien insgesamt	Landeigentum (Größe in acres) (1 acre = 0,4 ha)								ohne Land
			>100	>50	>20	>10	>5	>1	<1	Σ	
Priester/Landlords Händler	Brahmin Vaishyas	67	4	5	11	2	4	3	1	30	37
größere Landbesitzer	Reddi, Kapu	169	11	21	64	36	17	16	2	167	2
kleinere Landbesitzer	Telaga, Mushti Muttarasi, Boya	587	–	6	31	55	40	73	9	214	373
Handwerk, Gewerbe, Dienstleistungen (Töpfer, Schmiede, Zimmerleute, Schäfer, Weber, Toddyzapfer, Friseure, Wäscher, Steinarbeiter)	Kummara, Ousala, Kammara, Vodla, Golla, Kuruba, Padmashali, Goundla, Mangala, Dhobi, Voddara	1013	–	3	21	32	47	83	48	234	779
unterste Dienstleistungen	Mala, Madiga („Harijans")	547	–	–	6	15	11	37	36	105	442
		2383	15	35	133	140	119	212	96	750	1633

(Quelle: Bronger, D./v. d. Ruhren, N. (1997): Indien. S. 21)

Auffälligerweise haben im Regelfall die Brahmanen großen Landbesitz, während die Mitglieder der niederen Kasten oder Kastenlosen nur kleine Betriebsgrößen haben oder zu den Landlosen zählen. So machen die Mitglieder der *dominanten Kasten* zwischen 10 und 25 Prozent der Landbevölkerung aus, sie besitzen jedoch zwischen 60 und 85 Prozent des Landes. Der Anteil am Bewässerungsland ist oftmals sogar noch höher. Die Pächter von Ländereien gehören in der Regel den unteren Shudra-Kasten an, während die Landarbeiter vor allem von den Unberührbaren gestellt werden.

Indien ist ein Land von Klein- und Kleinstbetrieben, von denen 70 Prozent kleiner als 2 ha sind und in Subsistenzwirtschaft betrieben werden. Um die gesellschaftlichen und wirtschaftlichen Disparitäten auf dem Lande auszugleichen, wurden seit der Unabhängigkeit Indiens Versuche unternommen, größere genossenschaftliche Betriebseinheiten zu bilden. Hierdurch sollten die Voraussetzungen für die Anwendung moderner Produktionsmethoden geschaffen werden.

Allerdings blieb dieses Vorhaben bislang ohne große Erfolge und der ständig zunehmende Bevölkerungsdruck hat die Betriebseinheiten eher noch weiter sinken lassen. Ein rentables Wirtschaften ist unter diesen Bedingungen fast nicht möglich.

Die entscheidende Blockade für die Bildung größerer, leistungsstarker landwirtschaftlicher Genossenschaften stellen dabei das Kastenwesen und das dadurch bedingte ausgeprägte soziale Bewusstsein dar. Es scheint im ländlichen Bereich beinahe unmöglich, Angehörige unterschiedlicher Kasten zu einer funktionierenden Arbeitsgemeinschaft zu bewegen. Deren Mitglieder, welche sich überwiegend aus den niederen Kasten zusammensetzen, werden durchweg nur von einer einzigen Kastengruppe gestellt, wobei darüber hinaus häufig nicht annähernd alle Angehörigen dieser Kaste der Genossenschaft beitreten. So wird zwangsläufig nur ein sehr geringer Teil der Dorfbewohner erfasst bzw. der zur Gemeinde gehörigen Flur genossenschaftlich genutzt. Eine weitere ungünstige Bedingung ist, dass die beteiligten Kasten oft nur über sehr wenig und dazu noch minderwertiges Land verfügen, welches das produktive Wirtschaften einer solchen Genossenschaft erheblich erschwert.

Vor allem ist man aber dem Hauptziel, die Betriebsgröße entscheidend zu verbessern, nicht näher gekommen. Die Betriebsfläche der Klein- und Kleinstbetriebe ist in der Regel in zahlreiche Feldstücke zersplittert ist und lässt sich auch nicht zusammenlegen, solange es nicht gelingt, andere Bewohner des Dorfes zum Beitritt zu bewegen. Dieses dürfte aber aus den bereits genannten Gründen kaum zu erreichen sein.

Infolge der eben geschilderten ungünstigen Besitzverhältnisse sind die meisten Kleinbetriebe auf Zupacht angewiesen. Empirische Erhebungen haben ergeben, dass etwa ein Viertel bis ein Fünftel aller landwirtschaftlichen Betriebe Land hinzugepachtet hat und dass der Anteil des Pachtlandes etwa 10 Prozent der gesamten landwirtschaftlichen Nutzfläche ausmacht. Aufgrund der starken Konkurrenz um den knappen Boden sind die Pachtforderungen oft sehr hoch und können bis zu 60 Prozent des Ernteertrages betragen.

Die Abhängigkeitsverhältnisse, die dieses Pachtsystem hervorruft, werden noch durch die weit verbreitete Verschuldung der Bauern verschlimmert. An diesem Verschuldungsprozess ist aber das Gravierendste, dass der Kreditsuchende sich aufgrund von Rückzahlungsschwierigkeiten ständig dazu gezwungen sieht, seine Ernte zu einem sehr niedrigen Preis an den *money lender* abzugeben, anstatt sie in der für ihn günstigen Zeit zu verkaufen. Dazu kommt noch, dass die Schuldner genötigt sind gegen ihren Willen *cash crops* anzubauen, um die Zinsraten überhaupt aufbringen zu können. Für einen ertragreichen Anbau benötigen sie jedoch die erforderlichen Düngemittel, Pestizide, Bewässerungsanlagen etc., welche sie wiederum aus Kostengründen nicht besitzen. Da somit der Erlös aus dem Verkauf der *cash crops* häufig nicht ausreicht, sind sie gezwungen, sich gegen niedrige Bezahlung bei dem Verleiher als Arbeiter zu betätigen.

Die Geldverleiher hingegen sind bestrebt, dieses tief greifende, sowohl materielle als auch geistige Abhängigkeitsverhältnis über Generationen aufrecht zu erhalten, da es ihnen ein relativ sicheres, *arbeitsloses* Einkommen sichert. Die nominell hohen Zinssätze sind somit nur da, um die Rückzahlung der Schuld praktisch unmöglich zu machen. Innovationsbereitschaft kann unter derartigen Verhältnissen kaum erwartet werden, da jegliche Eigeninitiative zur Verbesserung des Daseins sinnlos erscheinen muss. Eine derartige ausweglose wirtschaftliche Situation führt vielmehr zu Apathie und Fatalismus. Doch für die Zukunft ist es sehr wichtig, diese traditionellen Schuldverhältnisse zu überwinden und die institutionelle Kreditgewährung einzuführen, damit nicht noch mehr Menschen in die Abhängigkeit geraten. (vgl. Bronger 1996, S. 287ff., vgl. Bronger/v. d. Ruhren 1997, S. 50ff., vgl. Storkebaum 1989, S. 75ff.)

Wie schon erwähnt, ist die indische Landwirtschaft immer noch eine Monsunlandwirtschaft und daran wird sich auch in Zukunft nichts Entscheidendes ändern. Um die Abhängigkeit von der Variabilität der Monsunniederschläge zu verringern, die Flächenproduktivität zu erhöhen und den Anbau – bei gleichzeitigen Maßnahmen wie Düngung, Maschineneinsatz etc. – zu intensivieren, gibt es nur eine Möglichkeit, und zwar die Bewässerung.

Drei Formen von Bewässerung in Indien sollen hier vorgestellt werden:

1. Brunnenbewässerung:

    Hierbei wird das Grundwasser mit Hilfe des *persischen Rades*, einer sehr alten Fördertechnik, durch Brunnenschächte angezapft. Die größte Gefahr dieser Bewässerungsmethode ist die Übernutzung, welche den Grundwasserspiegel absinken lässt.

2. Kanalbewässerung:

    Ein kompliziertes System von Kanälen, die vom Hauptkanal über den Zweigkanal zu den Verteilerkanälen und Zuleitungsgräben führen, welche dann für ein bis zwei Wochen geflutet werden und Wasser auf die Felder leiten. Die Flur ist in mehrere Bewässerungsbezirke unterteilt und ein von der Bewässerungsbehörde bestellter Vertrauensmann aus dem Kreis der Bauern ist für die Reihenfolge der Überflutung zuständig.

3. Stau- oder Tankbewässerung:

    Hier wird eine Mulde durch einen quer zur Abflussrichtung des Regenwassers errichteten Staudamm abgedämmt. Das gespeicherte Wasser und das Grundwasser ermöglichen nach der ersten, im Regenfeldbau erzielten Ernte eine zweite Ernte auf Bewässerungsbasis. Die Tankbewässerung ist die häufigste Form der Speicherung, allerdings bringt eine solche Oberflächenspeicherung einige Probleme mit sich:

    - Verluste durch Verdunstung und Versickerung im Verteilersystem

    - Die Eigenschaften des natürlich fließenden Gewässers gehen verloren, das bedeutet, dass die Wasserqualität sinkt, wenn das Wasser lange still steht.

    - Die Sedimentation in den Auffangbecken ist groß, da der intensive Abfluss die Erosion im Einflussbereich, der sog. *catchment area*, stark fördert.

    - In trockenen Gebieten besteht die Gefahr der Versalzung an den Ufern der Kanäle und Speicherbecken, besonders aber auf den Feldern.

                                                        (nach: Bichsel/Kunz 1982, S. 36ff.)

Die heute zur Verfügung stehenden Bewässerungsmöglichkeiten reichen aber nicht aus. Deren Einrichtung und Instandhaltung sind mit hohen Kosten verbunden und die Bewässerungssysteme arbeiten dem zu Folge mit großen finanziellen Verlusten, welche nicht allein von den Kastenmitgliedern getragen werden können.

Des Weiteren werden die Bewässerungsmöglichkeiten in unterschiedlicher Intensität ausgeschöpft, da viele Bauern die nötigen finanziellen Mittel nicht aufbringen können bzw. sie die traditionellen Produktionsweisen aufrechterhalten wollen und somit eine Umstellung auf andere Kulturpflanzen unterbleibt. Die Innovationsbereitschaft ist längst nicht bei allen Bauern bzw. Kasten vorhanden. Aus diesem Grund bleiben in vielen Fällen die Erträge auch nach dem Errichten von neuen Bewässerungsanlangen gering. (vgl. Bichsel/Kunz 1982, S. 36ff., vgl. Bronger 1996, S. 359ff.)

Trotz alledem spielt die Bewässerung in Indien aufgrund der Niederschlagsvariabilität eine entscheidende Rolle in der Landwirtschaft. Sie sichert die Eigenversorgung, bietet eine größere Unabhängigkeit von den erheblichen jährlichen Niederschlags-schwankungen und damit von Getreideimporten und schafft zusätzlich Arbeitsplätze auf dem Lande.

Zusammenfassend lässt sich sagen, dass eine ungleiche Landbesitzverteilung, Schuldknechtschaft, mangelndes Kapital, aber vor allem das starre Kastenwesen in den Dörfern als hemmende Faktoren für die Modernisierung der indischen Landwirtschaft genannt werden müssen.

3.2   In der Industrie

Indien wird zu den zehn größten Industrienationen der Welt gerechnet und seine Industrie ist vielfältig strukturiert. Zudem hat die Industrialisierung eine bemerkenswerte Zahl von Arbeitsplätzen und Beschäftigungsmöglichkeiten gebracht. Die Voraussetzungen für eine umfassende Industrialisierung sind in vielerlei Hinsicht günstig, da Indien mit zahlreichen Rohstoffen ausgestattet ist. Ungleichmäßig über das Land verteilt gibt es reiche Vorkommen an Steinkohle und Eisenerz, Mangan, Bauxit, Mineralien wie Thorium und Uran sowie Chrom, Kupfer und Glimmer. Bei allen Bodenschätzen ist jedoch zu beachten, dass aufgrund der räumlichen Disparitäten zahlreiche Lager noch nicht erschlossen sind oder die Rohstoffe unverarbeitet exportiert werden. (vgl. Bronger/v. d.Ruhren 1997, S. 77ff.)

In Indien gibt es hoch entwickelte Industrieräume, und das Land stellt heute selbstständig Flugzeuge, Schiffe, Lastkraftwagen, Lokomotiven, Baumaschinen,

Kraftwerke, Chemikalien, Präzisionsinstrumente und Werkzeugmaschinen her. Zudem verfügt Indien über Atomkraftwerke und schießt Satelliten in das Weltall.

Trotzdem existieren daneben auch viele Produktionsbereiche, die mit veralteten Methoden arbeiten und auf dem Weltmarkt nicht wettbewerbsfähig sind.

Zu den größten Schlüsselindustrien werden die Stahlindustrie, die Baustoffindustrie und die chemische Industrie (Düngemittelherstellung etc.) gerechnet. Auch die Textilindustrie dominiert nach wie vor im Konsumgüterbereich, wenngleich sie zunehmend an Bedeutung verliert.

Dennoch gibt es in der indischen Industrie einen erheblichen Entwicklungsrückstand. Dieser resultiert nicht zuletzt aus der geringen Leistungsfähigkeit des indischen Arbeiters, seiner mangelnden Arbeitsdisziplin und der Schwierigkeit der Unternehmen, einen festen Arbeiterstamm aufzubauen. Ebenso gilt der Hinduismus als entwicklungshemmender Faktor in der Industrie. Seine jenseitsorientierte Philosophie hat den Menschen eine fatalistische Einstellung aufgezwungen und ein rationales wirtschaftliches Denken und Erwerbsstreben verhindert. Dass das Kastenwesen ebenso ein gravierendes Entwicklungshemmnis in der Industrie ist, soll an einem Beispiel aus dem Eisen- und Stahlwerk in Rourkela verdeutlicht werden. (vgl. ebd., S. 76ff.)

Das Hüttenwerk Rourkela, gebaut mit Krediten der Weltbank von der Hindustan Steel Ltd., unter Federführung von Krupp, zählt heute zu den modernsten und rentabelsten Hüttenwerken in Südasien und inzwischen ist die Steel Town auf rund 34.000 Mitarbeiter. (vgl. www.kfw-entwicklungsbank.de, vgl. Fischer et al. 1985, S. 151)

Das folgende Beispiel soll die nach Reinheitsvorschriften der verschiedenen Kasten geordnete Arbeitshierarchie in den Industriebetrieben Indiens verdeutlichen:

An einem Hochofen des indischen Hüttenwerks versagte eines Tages ein Ventil. Es hätte schleunigst zugedreht werden müssen. Der Vorarbeiter, der unmittelbar neben dem Ventil stand, hätte die Gefahr im Nu selbst beheben können. Ein solcher Handgriff jedoch liegt unter seiner Würde als Vorarbeiter und so beauftragt er stattdessen den ihm in der Hierarchie nächststehenden Facharbeiter. Dieser schickt sogleich seinen Assistenten (Einkommensklasse 4 mit 60 Rupien Monatsgehalt). Auch der Assistent ist sich zu gut für diese niedere Verrichtung und schaltet deshalb einen Hilfsarbeiter mit 30 Rupien Monatsgehalt ein. Dieser muss nun endlich, da die unterste Sprosse der Befehlsleiter erreicht ist, selbst zugreifen. Als Analphabet kann er allerdings die Schilder *auf* und *zu* nicht lesen und dreht das Ventilrad in die falsche Richtung. Der verursachte Schaden belief sich auf Tausende Rupien. (nach: Bronger/v. d. Ruhren 1997, S. 83)

Durch diese und auch andere Vorfälle kann sich in Industriebetrieben die Situation dramatisch zuspitzen. Ebenfalls herrscht ein permanenter Konflikt zwischen Höherkastigen, Niederkastigen und Kastenlosen, die in der Fabrik die gleichen monotonen Handgriffe an derselben Maschine verrichten. Da für sie der Arbeitsplatz eine wichtige Lebensgrundlage darstellt, müssen sie sich über bisherige Tabus hinwegsetzen, um nicht fristlos entlassen zu werden. Im Laufe der Zeit haben sich somit diese Konflikte zwischen Betroffenen relativiert. Allerdings separieren sich während der Mittagspause die Angehörigen verschiedenster Kasten meist noch immer strikt voneinander, um ihr mitgebrachtes Essen, welches nach den rituellen Reinheitsgeboten ihrer Kaste zubereitet wurde, zu verzehren. (vgl. Schweizer 1996, S. 200ff.)

Viele Hindus tun sich auch schwer Hand- und Kopfarbeit in einem Beruf zu vereinen, da theoretisches Denken in Fabriken bislang weitgehend den Höherkastigen vorbehalten war. Diese weigern sich daher oft *unreine* Arbeit zu verrichten. „Wer gelernt hat, den Schaltplan einer Maschine zu verstehen, muss traditionsbedingte Widerstände überwinden, um schmutzige Maschinenteile bei der Reparatur anzufassen oder gar zu säubern. Und deshalb fehlt es gerade in Indien, wo zur Genüge Ingenieure ausgebildet werden, an Facharbeitern" (ebd., S. 201).

Heinrich Bechtholdt schrieb dazu Anfang der sechziger Jahre über das Kastenbewusstsein innerhalb der Industrie: „Wenn Bildung einst ein Vorrecht der oberen Kasten war, dann ist Bildung auch heute noch vielfach der Anspruch auf das Vorrecht, Handarbeit zu verachten oder wenigstens ablehnen zu dürfen. (ebd., S. 201f.). Auch in der heutigen Zeit hat sich an dieser Situation wenig geändert. Dies bedeutet, dass die auf dem Prinzip Kaste basierenden Disparitäten weitgehend geblieben sind und Indien noch weit von der sozialen und wirtschaftlichen Gerechtigkeit entfernt ist.

Das wichtigste Kriterium für die weitere Industrialisierung in Indien muss sein, die rituellen Schranken zwischen *reinen* und *unreinen* Arbeiten und Tätigkeiten zu beseitigen. Mit der Öffnung der Kastenschranken innerhalb der Tempel sollte es den Hindus auch im Arbeitsleben leichter fallen, sich über die bisherigen Tabus hinwegzusetzen.

Demzufolge ist der Motor für eine moderne Industriegesellschaft die Kastenschranken und das Kastendenken zu überwinden.

3.3 Im Dienstleistungssektor

Aufgrund mangelnder Literaturquellen zum Thema Entwicklungshemmnisse durch Hinduismus und Kastenwesen im Dienstleistungssektor beschränkt sich dieser Teil der Arbeit insbesondere auf die Informationstechnologie in Indien.

Indien hat zwar die kontinuierliche Entwicklung seiner Industrie durch die im 18. / 19. Jahrhundert in Europa sich vollziehende industrielle Revolution verpasst, doch setzt es jetzt auf die Revolution durch die Informationstechnologie. Mit jährlichen Wachstumsraten von über 50 Prozent ist die Software-Branche zu einem der wichtigsten Wirtschaftssektoren des Landes geworden. Der neue Zweig beschäftigt mittlerweile 300.000 hoch qualifizierte Software-Ingenieure, die im Jahr 2000 umgerechnet ca. 4 Mrd. Euro erwirtschafteten - vor zehn Jahren waren es noch 150 Mio.. Das Exportvolumen beträgt 2,8 Mrd., davon werden 61 Prozent durch den Handel mit Nordamerika und 23 Prozent mit Europa erwirtschaftet.

Glaubt man den Prognosen, dann sind über die nächsten zehn Jahre Steigerungsraten von 50 Prozent jährlich zu erwarten. Mit besonderem Stolz verweist Indien darauf, dass jedes fünfte der 1.000 im Wirtschaftsmagazin *Fortune* aufgeführten wichtigsten Unternehmen der Welt Software-Aufträge nach Indien vergeben hat - eine umso beeindruckendere Zahl, wenn man bedenkt, dass der indische Dienstleistungssektor bis Anfang der neunziger Jahre fast gänzlich vom Weltmarkt abgekoppelt war.

Ein Grund für die phänomenalen Wachstumsraten ist, dass die Softwarebranche von den für den Rest der indischen Wirtschaft so typischen Entwicklungshemmnissen wie veralteter Infrastruktur, Bürokratismus und Kastendenken weitgehend unberührt bleibt. Das heißt, dass in diesem Bereich der Beschäftigung keinerlei Arbeitskämpfe zu befürchten sind.

Die Software-Industrie ist für die Generation junger, gebildeter Inder das Eintrittstor in eine goldene Zukunft. Jedes Jahr bildet Indien 75.000 Informationstechnologie (IT)-Studenten aus. Die meisten denken jedoch bereits über die nationalen Grenzen hinaus und sehen die Beschäftigung in einer indischen Computerfirma als Sprungbrett für eine Anstellung im Ausland. Neben den hervorragenden Aufstiegsmöglichkeiten und dem hohen Lohnniveau spielt hierbei auch die Tatsache eine große Rolle, dass Englisch bei den meist aus der Mittel- und Oberschicht stammenden indischen Computerprofis - Durchschnittsalter 26 Jahre - wie eine Muttersprache gepflegt wird.

In der Electronic City in Bangalore schlägt das Herz des indischen IT-Wunders. Bangalore ist heute Indiens und sogar Asiens am schnellsten wachsende Stadt und hat sich in den letzten Jahren zum indischen *Silicon Valley* entwickelt. Von Bosch bis SAP haben Firmen aus der ganzen Welt Büros dort aus dem Boden gestampft. (vgl. Hoffmann 1997, S. 38ff.)

Umgeben von Armut und Müll liegt dort das internationale Unternehmen Infosys. Dieses ist eines der erfolgreichsten indischen IT-Unternehmen, das Softwarelösungen für Unternehmen weltweit anbietet. Hieran ist zu erkennen, dass sich in diesem Sektor die Kastenschranken aufgehoben haben, denn eine Vielzahl von Indern aus verschiedensten Kasten arbeitet problemlos zusammen.

Wie auch in anderen Betrieben kehren jedoch häufig auch die jungen, hervorragend ausgebildeten Frauen nach der Arbeit in ihr von tradierten Wertvorstellungen geprägtes Zuhause zurück und fügen sich dort meist widerspruchslos ein.

Bemerkenswert ist auch, dass die rasante Entwicklung Bangalores zum IT-Pool die Einwohnerzahl und ihre Kaufkraft rasch ansteigen ließ. Dieses hatte wiederum Auswirkungen auf die Agrarstrukturen des Umlandes. Viele landwirtschaftliche Betriebe fast aller Größenklassen stellten sich z. T. sogar von der Subsistenzwirtschaft, auf Marktwirtschaft um und bauen solche Agrarprodukte an, die in der Stadt nachgefragt werden. So entstand nach dem Muster der Thünenschen Ringe um die Stadt herum ein Anbaugürtel für frisches Obst und Gemüse, dem, abhängig von der Entwicklung, Verderblichkeit der Waren und Transportmöglichkeiten weitere nach außen angegliedert sind.

Diese Entwicklung hat zwar nicht die durch das Kastenwesen vorgegebenen Sozialstrukturen verändert, sie vielleicht sogar eher noch gefestigt, doch vergrößern sich die Einkommens-Disparitäten zu den weiter entfernten Agrarregionen, die an der Entwicklung keinen Anteil haben und weiterhin traditionell wirtschaften.

Die urbane Dienstleistungsgesellschaft präsentiert sich aber nach wie vor als streng geordnete Hierarchie der unterschiedlichen Kasten. Die höheren Kasten stellen etwa 10 Prozent der Gesellschaft dar und können als wohlhabend bezeichnet werden. Diese Gruppe setzt die entscheidenden Impulse und repräsentiert das neue, moderne Indien.

Die Mittelschicht hingegen hat sich beträchtlich verbreitert und ihre Kastenmitglieder haben immerhin ein bescheidenes Wohlstandsniveau erreicht.

Doch trotz alledem eröffnet sich nur wenigen die Chance in die nächst höhere Einkommensstufe aufzusteigen. Etwa drei Viertel der städtischen Bevölkerung zählen nach wie vor zur existenzgefährdeten Unterschicht. Ihnen bleiben damit die Möglichkeiten zur grundlegenden Verbesserung ihrer Lebenschancen meist verwehrt. Diese Gruppen, zu denen meistens Dalits und die niederen Shudras zählen, sind den Kaufkraftverlusten, der Krise auf den Arbeits- und Wohnungsmärkten und der überkommerzialisierten Lebenswelt weitgehend schutzlos ausgeliefert. Aus diesem schlimmen Elend gelingt es also nur sehr wenigen zu entkommen. Die Globalisierungseffekte bedeuten somit vor allem für die niedrigen Kasten und die Unberührbaren eine zusätzliche Erhöhung des Risikopotenzials und eine weitere Destabilisierung ihrer äußerst fragilen Lebensbedingungen. Folglich finden viele Niederkastige und Unberührbare meist ihre Tätigkeiten in der Illegalität, dass heißt, in dem Informellen Sektor.

3.3.1 Im Informellen Sektor

Der Begriff *Informeller Sektor* umfasst alle Aktivitäten, bei denen sich die Handelnden einerseits staatlicher Kontrolle entziehen und andererseits nicht über staatlichen Schutz oder Unterstützung verfügen. Das wesentliche Merkmal des Informellen Sektors ist, dass es sich um situationsbedingte Einkommensquellen jeglicher Art handelt, die von den Menschen unter bestimmten Rahmenbedingungen entwickelt werden und sich deshalb je nach Entwicklungsstand, Ressourcenausstattung der Region oder Art der Tätigkeit unterscheiden. (vgl. Escher 1999, S. 658)

Die wesentlichen Merkmale des Informellen Sektors laut ILO [6] sind:

-   Unternehmen des Informellen Sektors beschäftigen normalerweise weniger als zehn Arbeiter, meistens unmittelbar Kastenangehörige.

-   Der Informelle Sektor ist heterogen: Hauptaktivitäten sind Einzelhandel, Transport, Reparatur und Dienstleistungsangebote.

-   Ein- und Ausstieg sind leichter als im Formellen Sektor.

-   Die Arbeit ist meist arbeitskräfteintensiv, wobei geringe Kenntnisse erforderlich sind.

---

[6] Internationales Arbeitsamt

- Die Arbeiter erlangen ihre Kenntnisse bei der Arbeit.

- Die Unternehmer-Mitarbeiter Beziehung ist oft ungeschrieben und informell, mit wenig oder gar keiner Berücksichtigung der gewerblichen Zusammenhänge und Arbeitsrechte.

- Der Informelle Sektor arbeitet öfter in Verbindung mit dem Formellen Sektor als isoliert von diesem. Er wurde mehr und mehr in die globale Wirtschaft integriert.

(nach: Escher 1999, S. 658)

Auch in Indiens *Hightech*-Metropole Bangalore ist der Informelle Sektor zu finden. Insgesamt sind in ihm über drei Viertel der städtischen Erwerbsbevölkerung beschäftigt und damit wesentlich mehr als in allen übrigen Wirtschaftsbereichen.

In diesem Sektor dominieren ungeschützte, niedrig entlohnte und häufig auch saisonabhängige Arbeitsverhältnisse und die Masse der Arbeiter sind Niederkastige und Kastenlose. (vgl. Dittrich 2003, S. 41) Oft verrichten Sie unreine Arbeiten, wie z. B. die Abfallentsorgung. Aber auch die Tätigkeiten der Schuhputzer und Straßenverkäufer, Akrobaten und Geschichtenerzähler sowie die der Autowäscher und Zeitungsverkäufer fallen in diesen Sektor. Die meisten Arbeitskräfte sind aufgrund eines sich gegenseitig verstärkenden Systems von Push- und Pullfaktoren (vgl. Abb. 2) in die Städte gekommen und leben dort in den Slums.

4 Ansätze zur Veränderung des Kastenwesens und der traditionellen Sozialstruktur

Im Zeitalter der Globalisierung und mit der Modernisierung aller gesellschaftlichen Bereiche gerät auch das Kastenwesen in Bewegung. Diese Entwicklung wird stark durch den Globalisierungsprozess gefördert und durch die darauf ausgerichtete marktwirtschaftlich orientierte Wirtschaftspolitik unterstützt. Zudem reserviert das indische Quotensystem über 30 Prozent aller Studienplätze, Schulplätze an höheren Schulen sowie Arbeitsplätze im öffentlichen Dienst für die Angehörigen der unteren Kasten, Dalits und der so genannten *Other Backward Classes*. (vgl. Basting/Hoffmann 2004, S. 47)

In den kommenden zwei Kapiteln sollen nun verschiedene Ansätze zur Veränderung des Kastenwesens und der traditionellen Sozialstruktur vorgestellt werden.

4.1 Reform und Widerstand

Aus Indien gelangen zu uns häufig Nachrichten über religiöse Auseinandersetzungen zwischen Hindus und Moslems. Die im Folgenden besprochenen Unruhen sollen jedoch von Kastenkonflikten handeln.

Versuche, das Kastenwesen und zugleich die gesellschaftliche Diskriminierung der niederen Kasten und der Unberührbaren zu beseitigen, haben in Indien eine lange Tradition. (vgl. Betz 1997, S. 22)

Bereits während der dreißiger Jahre hat sich eine ganze Reihe Politiker für die Reform des Kastenwesens eingesetzt. Mit drei Personen identifizieren wir im Westen Reform schlechthin: Mahatma Gandhi, Jawaharlal Nehru und Bhimrao Ramji Ambedkar, deren Ansichten kurz dargestellt werden sollen.

Ghandis Standpunkt war, dass sich der Hinduismus auflösen würde, falls das Ordnungssystem der Kasten mit seinen vielfältigen Funktionen abgeschafft würde. Er bekannte sich ausschließlich zur varna, der Gliederung in die vier Großkasten, und war sich auch in dieser Hinsicht mit vielen hinduistischen Reformern einig. Entschieden Front bezog er lediglich gegen die Diskriminierung der Shudra und Unberührbaren; er war für eine Abschaffung der jati, die im Verlauf der Jahrhunderte die kosmische Ordnung der varna verfälscht hat.

Nehru hingegen stand dem Kastenwesen wesentlich distanzierter gegenüber. Er wollte Indien nach westlich demokratischen Wertvorstellungen reformieren. Dieser Ansatz wurde mit nachstehender Erklärung deutlich: „Mit der Entwicklung unserer modernen Gesellschaft ist das Kastensystem völlig unvereinbar, reaktionär und eine Barriere gegen den Fortschritt ... Wenn Leistung das einzige Kriterium für jedermann wird, dann verlieren die Kasten ihre gegenwärtige Bedeutung ... Seine Grundlagen müssen sich völlig verändern, weil es modernen Bedingungen und den demokratischen Idealen entgegengesetzt ist" (Schweizer 1995, S. 193). Nehru war der Überzeugung, dass machtbewusste Priester das Kastenwesen in weit zurückliegender Epoche erfunden hätten und dass eine solche Erfindung veralten und durch Besseres ersetzt werden muss, sobald sie nicht mehr den aktuellen Bedürfnissen entspreche.

Die größere Zustimmung in der Bevölkerung hat jedoch der hinduistisch argumentierende Mahatma Gandhi gefunden. (vgl. ebd., S. 192f.)

Ambedkar, ein Unberührbarer, kritisierte radikaler als alle anderen Reformer das Kastenwesen und wollte dieses grundsätzlich abschaffen. Er ging sogar so weit, dass er nicht mehr Hindu sein wollte, falls das Kastenwesen unlösbar mit der Substanz des Hinduismus verschmolzen sei, und kündigte 1935 erstmals an, angesichts der nur halbherzigen Reformbereitschaft die Religionsgemeinschaft zu wechseln und viele Unberührbare mit sich zu ziehen. 1950 machte er seine Drohungen war und trat zum Buddhismus über. Noch am selben Tag folgten ihm hunderttausend Angehörige seiner Kaste in die neue kastenfreie Religion. Auch in den folgenden Jahren wechselten Hunderttausende Unberührbare zum Buddhismus über, so dass die Zahl schließlich auf ungefähr 3 Millionen anwuchs. Nach Ambedkars Tod 1956 hat es jedoch keine neuen Massenbekehrungen hin zum Buddhismus mehr gegeben. (vgl. ebd., S. 226ff.)

Der Verfassungsgrundsatz von 1950 (vgl. Kapitel 3.2.4), den ‚rückständigen Kasten und Klassen' müsse durch besondere staatliche Förderung geholfen werden, hat von Anfang an in Indien für Unruhe gesorgt. Zu Ausschreitungen kam es allerdings nicht, als Unberührbare und Niederkastige gegen ihre Unterdrückung kämpften. Hingegen veranstalteten die Höherkastigen Massendemonstrationen, um ihrerseits gegen die *Diskriminierung* zu protestieren.

In den fünfziger Jahren konnte erstmals die Regierung Nehru durchsetzen, dass für Shudras und Unberührbare 15 Prozent aller Posten im öffentlichen Dienst, in staatlichen Hotel- und Restaurantbetrieben sowie an Schulen und Universitäten reserviert wurden.

Nehru wollte auf diese Weise die ersten Zeichen setzen, die kastenbedingte Chancenungleichheit im Bereich der Ausbildung sowie des öffentlichen Dienstes zu beseitigen, welche von späteren Regierungen weiter verbessert werden sollten.

Wie nötig derartige Reformen waren, sollen die nachstehenden Zahlen zeigen:

Die Höherkastigen, welche nur etwa 25 Prozent der Gesamtbevölkerung ausmachten, waren überproportional in den gehobenen Gehaltsstufen öffentlicher Dienststellen vertreten. Sie besetzten dort etwa 70 bis 90 Prozent aller Posten, welches auch Anfang der neunziger Jahre, mehr als vier Jahrzehnte nach der Niederschrift der indischen Verfassung, noch immer so war.

Von Anfang an konzentrierten sich die Reformer auf zwei Gruppen, welche bereits in der Verfassung detailliert aufgelistet wurden: Zum einen waren dies die Kasten der Unberührbaren, zum anderen die Stammesangehörigen am Rande der hinduistischen Gesellschaft. Diese beiden Gruppierungen machten zusammen 21 Prozent der Gesamtbevölkerung aus. Allerdings sollte die Situation bald noch schwieriger werden, als neben diesen genannten Großgruppen weitere Benachteiligte, wie z.B. niedrige Shudra-Kasten, um Gleichstellung kämpften.

Je mehr sich die Zentralregierung und auch einzelne Regierungen in den Bundesstaaten für diese Gruppen einsetzten, desto entschlossener regte sich auch der Widerstand bei den Höherkastigen. Vor allem das Schul- und Universitätsgesetz in den siebziger Jahren wurde zur wesentlichen Zielscheibe. Dies besagt, dass es Lehrern vorgeschrieben ist, Shudras und Unberührbare milder zu benoten als Schüler und Studenten höherer Kasten. Die Reformer unterstützen dieses Gesetz, indem sie argumentieren, dass die Lebensbedingungen der unteren sozialen Schichten härter seien, und dementsprechend sei der Start für das Lernen schwieriger und müsse erleichtert werden. So muss ein Höherkastiger 80 oder gar 90 von den möglichen 100 Punkten erreichen, die für ein Medizinstudium erforderlich sind, hingegen benötigen die Niederkastigen und Unberührbaren nur 40 oder 50 der 100 möglichen Punkte. Folglich verärgern diese Maßnahmen die Höherkastigen.

Somit nimmt der Streit um die Quotenregelung immer härtere Formen aufgrund der weit verbreiteten Arbeitslosigkeit höherkastiger Hochschulabsolventen an, zumal im öffentlichen Dienst, in den Verwaltungsbehörden, Schulen, Universitäten und Krankenhäusern vermehrt Niederkastige und Unberührbare eingesetzt werden sollen. 1981 trat die Auseinandersetzung in eine neue Phase. Damals legte die Mandal-

Kommission[7] im Auftrag der Zentralregierung folgende Untersuchungsergebnisse vor: „3743 verschiedene Kasten werden als „rückständig" („backward") bezeichnet, was 52 Prozent der indischen Bevölkerung ausmacht" (Schweizer 1996, S. 196). Die Kommission empfahl 27 Prozent der Arbeitplätze im öffentlichen Dienst für diese benachteiligten Kasten zu reservieren. Die Zentralregierung zögerte zunächst mit der Umsetzung, aber als dann 1990 der Premierminister V. P. Singh ankündigte, die Reformen einzuführen, brachen landesweit blutige Unruhen aus, die zugleich zum Sturz der Regierung führten.

Allerdings konnte die nun in Gang gebrachte Dynamik nicht mehr aufgehalten werden, auch nicht durch den wachsenden Widerstand der Höherkastigen. Zahlreiche Regierungen der einzelnen Bundesstaaten hatten bereits die Empfehlungen der Mandal-Kommission befolgt und 1994 setzte sich in ganz Indien die Quotenhöhe von 27 Prozent durch. Zur gleichen Zeit zielten sogar schon einige Regierungen darauf ab, die Quote auf über 50 Prozent für Niederkastige und Unberührbare im öffentlichen Dienst anzusetzen.

Doch anstatt eine größere Chancengleichheit für alle anzustreben, setzten die Politiker nur auf anderer Ebene die Praxis fort, und zwar Arbeitsplätze nicht nach Leistung, sondern nur an die ihnen nützlich erscheinenden Kasten zu vergeben.

Angehörige der städtischen Ober- und Mittelschicht mahnten, dass, falls die Hindus es nicht schafften, auf demokratischem Weg gleiche Bildungs- und Aufstiegschancen jenseits der Kastenzugehörigkeit herzustellen, Indiens Wirtschaft niemals international konkurrenzfähig werden könne. (vgl. ebd., S. 194ff.)

Anfang der siebziger Jahre geschah etwas weiteres Erstaunliches. Die Unberührbaren, die sich politisch organisiert hatten, verlangten, dass der von Gandhi gegebene Name Harijans weder in offiziellen Dokumenten noch in der Presse verwendet werden dürfe.

Die Harijans vertrauten Jahrzehntelang darauf, die Regierung eines unabhängigen Indiens könnte Veränderungen bringen, und so lange die Unberührbaren selber an eine bessere Zukunft glaubten, identifizierten sie sich auch mit dem Begriff Harijan. Je mehr jedoch die Reformen von den Höherkastigen boykottiert wurden, desto mehr erschien ihnen dieser Name als lächerlich. An seine Stelle sollte nun das Wort Dalit treten und in aller Brutalität darauf hinweisen, wie wenig sich in vier Jahrzehnten gesetzlich

---

[7] „Von der indischen Zentralregierung eingesetzte Kommission zur Untersuchung der laut Verfassung als "other backward classes" bezeichneten Bevölkerungsgruppen" (www.bpb.de).

garantierter Reform geändert hat. Dalit bedeutet *Zerbrochener, Geteilter, Niedergetretener.* (vgl. Bellwinkel-Schempp 2003, S. 4ff.)

Als erste politische Partei gruppierten sich die Dalit Panthers. Schweizer (1995, S. 232) schreibt dazu, dass der Name Erinnerungen an die *Black Panthers* weckt, die sich während der sechziger Jahre in den USA gegenüber der versöhnlichen Politik des schwarzen Bürgerrechtskämpfers Martin Luther King radikal abgegrenzt hatten. Dementsprechend verhielten sich also auch die Dalit Panthers und eine solche Parallele war wahrscheinlich gewollt. Sie setzten es durch, dass in keinem staatlichen Dokument mehr der Begriff Harijan verwendet werden durfte. Zudem verkünden die Dalit Panthers, welche direkt aus der Bewegung Ambedkars hervorgegangen sind, dass es besser sei Ambedkar zu folgen und dem Hinduismus grundsätzlich eine Absage zu erteilen. Nach bereits zwei Jahren löste sich die Partei jedoch wieder auf.

Mittlerweile überlegen ungeduldige Reformer aus den Reihen der Unberührbaren, dass die Dalits bei der nächsten Volkszählung unter der Rubrik Religion sich nicht mehr als Hindus registrieren lassen, sondern eine eigene Dalit-Kategorie bilden und sich aus der Gemeinschaft der Hindus lösen. Eine solche Forderung stößt aber selbst in den eigenen Reihen auf häufigen Widerstand, denn die Unberührbaren außerhalb der Hindu-Gesellschaft haben keinen Anspruch auf staatliche Förderungsprogramme und insbesondere nicht auf Begünstigungen bei der Stellenvergabe im öffentlichen Dienst. Außerdem sehen sie keine Lösung ihrer Probleme in einem Religionswechsel, da sie auch in anderen Religionsgemeinschaften auf tradierte Vorurteile treffen würden. (vgl. Schweizer 1995, S. 231ff.)

4.2   Sozialer Aufstieg und Kastenwesen

Je höher eine Kaste im religiösen wie sozialen Ansehen eingestuft ist, desto geringer ist ihre Mitliederzahl. Gerade aber bei den höheren Kasten konzentriert sich nach wie vor ein Großteil der Macht. Dennoch zeigen sich bei Shudras und Dalits, welche zusammen ungefähr drei Viertel aller Hindus ausmachen, erste tief reichende ökonomische Veränderungen. (vgl. Schweizer 1995, S. 198)

Obwohl die indische Verfassung unter anderem die Beseitigung des Kastenwesens vorsieht und seit der Unabhängigkeit beträchtliche Bemühungen unternommen wurden, den unteren Bevölkerungsschichten zum sozialen Aufstieg zu verhelfen, ist es in Indien nach wie vor schwierig, einen schon bei der Geburt vorgezeichneten Lebensweg zu verlassen. Dennoch gibt es die Mobilität von Kasten, welche sich in Umschichtungen, die meist durch den Beruf ausgelöst werden, bemerkbar macht.

Um Aufstiegsmöglichkeiten in der indischen Gesellschaft zu demonstrieren, sollen im Folgenden vier charakteristische Fälle aufgezeigt werden:

1. Am Beruf orientierte Umschichtung innerhalb des Kastenwesens ist dann gegeben, wenn ein größerer Betrieb, z. B. ein Stahlwerk, eine Arbeiterschaft aus den verschiedensten Gegenden und Kasten Indiens zusammenbringt. Mit der Zeit können sich hier die alten Kastenbindungen lockern, mit der Konsequenz, dass sich unter den Indern, die durch die Arbeit im Stahlwerk gleichen sozialen Status erlangt haben, neue Kasten bilden.

2. Ungleich häufiger kommt es vor, und auch hier spielt wieder der Beruf eine wichtige Rolle, dass eine Kaste, wenn sie groß und der soziale Status ihrer Mitglieder unterschiedlich geworden ist, in mehrere Unterkasten zerfällt und sich schließlich teilt.

3. Eine sehr interessante, aber weitgehend ohne Berufsorientierung vor sich gehende Kastenneubildung innerhalb des schon bestehenden Systems geschieht auf folgende Weise: Ein Heiliger wird so attraktiv, dass er Anhänger aus unterschiedlichen Kasten versammelt. Es entsteht eine die Kastengrenzen nicht anerkennende Gruppe. Diese neue Gruppe wird in den meisten Fällen schnell wieder zerfallen und dann folgenlos bleiben. Wenn sie aber doch überlebt, dann wird sie entweder früher oder später zur eigenen Kaste, oder es entsteht eine vom Hinduismus getrennte neue Religionsgemeinschaft.

4. Neben solchen Kastenneubildungen, die auf Umschichtungen innerhalb des Kastenwesens beruhen, gibt es auch eine Vermehrung der Anzahl der Kasten. Dies geschieht, indem noch außerhalb des Hinduismus stehende Gemeinschaften sich als Kaste eingliedern. (nach: Schneider 1989, S. 8f.)

An einem Beispiel soll der Aufstiegsprozess verdeutlicht werden:
Einer Palmhegerkaste, einer Ölpresserkaste oder einer Schmiedekaste gelingt es, ihre Produkte – Palmschnaps, Speiseöl und Eisengerät – in einem größeren Umkreis auf Wochenmärkten und Basaren mit Gewinn zu verkaufen. Nicht alle Kastenfamilien werden von den neuen Vermarktungschancen gleichermaßen profitieren, vielmehr werden nur diejenigen, die die Produkte veräußern, neuen Einfluss und Wohlstand

gewinnen. Indem sie sich aus der Herstellung zurückziehen und sich auf eine angesehene städtische Kundschaft orientieren, tauschen sie unmerklich über eine längere Zeitspanne die Rolle des unansehnlichen Handwerkers mit derjenigen des bislang noch sozial unbestimmbaren Händlers aus. Sie meiden nun zunehmend ihre Kastenmitglieder, beuten diese als Zulieferer aus und bringen sie zugleich in eine Schuldabhängigkeit. Sie selber investieren jetzt in den Gewinn an sozialem Prestige. Es werden von nun an keine berauschenden Getränke mehr konsumiert. Sie kochen mit reinem Butterfett und leben vegetarisch. Bald ist der Zeitpunkt erreicht, ab dem die verarmten Mitglieder einer regionalen Händlerkaste bereit sind, deren Töchter als Bräute und Finanzierungsinstrument zu akzeptieren. Die neuen und aufstrebenden Händlerfamilien bilden zusammen mit den verarmten Familien der etablierten Händlerkaste eine neue endogame Gruppe, rituelle Gemeinschaft und soziale Einheit. Damit ist eine neue Unterkaste, die als Untergruppe der Händlerkaste gilt, entstanden. (vgl. Jürgenmeyer/Rösel 1998, S. 27f.) Diese Perspektive hat sich auch längst für weitere Niederkastige und Unberührbare geöffnet, die über die Jahre schrittweise zu Reichtum gekommen sind. Trotzdem ist die Mehrzahl immer noch sehr arm und lebt im Elend. Allerdings ist auch eine ganze Reihe Höherkastiger arm und ungebildet. Sie bleiben häufig an Traditionen gebunden, so dass sie nicht auf moderne ökonomische Umwälzungen reagieren können.

Es besteht also kein Zweifel daran, dass sich die Stellung einer Kaste gegenüber einer anderen verändern kann, was in der Fachsprache als Sanskritisierung (das Bestreben nach einem höheren Status innerhalb des varna-jati-Modells) bezeichnet wird. Möglich wird dies durch die Übernahme von Lebensstil, Symbolen, Ritualen und Glaubensvorstellungen höher stehender Kasten oder durch den Gewinn von politischem Einfluss auf lokaler Ebene. (vgl. Rothermund 1995, S. 118) Das Verhalten höherer Kasten aufgrund von Beruf, Speisevorschriften, Kleidung etc. gibt also seit jeher einen Anreiz und Maßstab für einen sozialen Aufstieg innerhalb der indischen Kastengesellschaft.

5 Hinduismus, Kastenwesen und die Zukunft Indiens

Die Thematik „Hinduismus und Kastenwesen in Indien früher und heute" impliziert die Fragestellungen, in wie weit sich das Kastenwesen in den letzten Jahrzehnten verändert hat und wie dieser Wandel sich in der indischen Gesellschaft bemerkbar macht. Von Interesse ist ferner, welche Parameter Einfluss auf den Zusammenhang zwischen Kastenwesen und Gesellschaft nehmen und in welcher Art und Weise sie die Entwicklung des Landes beeinflussen.

Die Untersuchungen haben ergeben, dass sich in Indien trotz oder vielleicht gerade wegen der vielen konkurrierenden religiösen Traditionen im Hinduismus eine tiefe Gläubigkeit erhalten hat. Selbst die moderne Wissenschaft und Technik, die sich zurzeit mit beachtlicher Schnelligkeit in Indien ausbreiten, hat dieser Religiosität keinen Abbruch getan. „Der Hinduismus ist eine Religion, die sich zwar wandelt, aber unzerstörbar fortlebt" (Zierer 1985, S. 138). Um die Bedeutung dieses Phänomens zu erfassen, muss man sich zunächst noch einmal vergegenwärtigen, dass es im Hinduismus keine religiöse Institution und keinen bestimmten Kodex gibt. Das zentrale Merkmal des Hinduismus war und ist also nach wie vor das Kastenwesen. Das Kastenwesen hat es bewirkt, dass die verschiedenen Völker Indiens in einer relativ geordneten Sozialstruktur miteinander leben können. Es schuf aus den verschiedensten Elementen ein hierarchisch geordnetes Ganzes. Im Mittelpunkt des Lebens steht der Familienverbund, d. h. die Kaste. Die Identität des Familienverbundes wird im Wesentlichen dadurch bestimmt, dass man in eine bestimmte Kaste hineingeboren wird. Heirat, Beruf oder sozialer Kontakt sind daher durch ein geburtsbezogenes Kriterium ausschlaggebend beeinflusst, so dass im traditionellen Indien freie Berufs- und Partnerwahl, Gleichheit der Chancen oder Mobilität nicht gegeben sind. Von der Sicht des Individuums aus gewährt die Kaste, der es angehört, soziale und wirtschaftliche Sicherheit von Anfang an, denn die Kaste bestimmt die soziale Stellung, die sozialen Beziehungen und den Beruf. Das Kastenwesen regelt aber nicht nur die verschiedenen sozialen Funktionen. Es verhindert zugleich Arbeitslosigkeit und bietet eine praktikable Arbeitsteilung an. Die Kaste hat die wirksame Funktion des Warentausches. Außerdem gibt die Kaste denen, die ihr angehören, ein Gefühl von Sicherheit. Wenn man allerdings die Geburt als das eigentliche Kriterium, das die Kastenzugehörigkeit bestimmt, ansieht, blockiert das System die individuelle Entfaltung, denn jeder muss sich vollkommen unterordnen.

In der Vergangenheit verursachte das Kastenwesen aber auch noch weitere soziale Missstände: Es enthielt vielen Menschen bestimmte bürgerliche und religiöse Rechte vor und führte zur Unterdrückung und Ausbeutung anderer, vor allem niederer Kasten und der Kastenlosen. Im Laufe der Geschichte wurden auch gelegentlich Stimmen gegen die Starrheit der sozialen Schichtung des Kastenwesens laut, die aber zunächst zu keinerlei Erfolgen führten. 1950 trat die indische Verfassung in Kraft, in der unter anderem mehr Rechte für die Shudras und Unberührbaren niedergelegt wurden. Doch trotz alledem ist die Diskriminierung bestimmter Kastengruppen auch heute noch ein großes Problem, denn es darf nicht übersehen werden, dass die große Mehrheit der am oder unter dem Existenzminimum lebenden Inder sich noch immer aus den unteren Kastengruppen bzw. den Dalits rekrutiert. Bis sich deren soziale Situation und ihr gesellschaftliches Ansehen positiv verändern, wird noch viel Zeit vergehen.

So ist die indische Gesellschaft auch heute noch – im dritten Jahrtausend – weitgehend eine Kastengesellschaft. Doch die Bedingungen im modernen Indien ändern sich schnell, sowohl in sozialer als auch in wirtschaftlicher Hinsicht. Die über lange Zeit bestehende starre hierarchische Ordnung des Kastenwesens verwandelt sich zunehmend in dynamische soziale Ordnungsmuster um: Mit der Modernisierung, die im Zeitalter der Globalisierung alle gesellschaftlichen Bereiche auf dem Subkontinent betrifft, gerät auch das Kastensystem zunehmend in Bewegung. Allerdings variiert das Beharrungsvermögen der alten Kastenordnung stark zwischen Stadt und Land.

Vor allem auf dem Land – und hier leben heute noch fast 70 Prozent der Bevölkerung - wird das politische und wirtschaftliche Leben von den Kastenregeln bestimmt. In den indischen Dörfern besteht nach wie vor ein ursächlicher Zusammenhang zwischen:

- Kaste und Beruf: Die überwiegende Mehrzahl der Kasten sind reine Berufskasten,

- Kastenzugehörigkeit und sozialem Status: Die sozialen Schichten – von den Grundeigentümern bis zu den Landlosen – sind weitgehend kastenkonform.

- Kastensystem und Landbesitz: Der größte Teil des Grundbesitzes verteilt sich in der Regel auf nur wenige Familien der höheren Kasten, während die große Masse der unteren Kasten Pächter, Landarbeiter bzw. landlos sind,

- Kastensystem und Landnutzung: Infolge ihres größeren Besitzes können die oberen Kasten cash crops anbauen, während die unteren Kasten gezwungen sind, auf ihrem kleinen Landbesitz ausschließlich für den Eigenbedarf zu produzieren.

(Bender et al. 1984, S. 195)

Auch hieran haben die staatlichen Maßnahmen ebenfalls kaum etwas ändern können, denn das Kastendenken hat die dafür erforderliche Solidargemeinschaft verhindert.

Die moderne Wirtschaftsplanung, vor allem in den expandierenden, sich modernisierenden Großstädten des Landes, macht die Berufsfunktion der Kasten heute überflüssig; neue Transport- und Kommunikationswege heben die Grenzen innerhalb der Sozialbeziehungen, die bisher von den Kasten bestimmt waren, auf. Die strenge Beachtung von Reinheits- und Unreinheitsregeln kann in einer modernen Gesellschaft nicht mehr aufrecht gehalten werden. Der Glaube an den göttlichen Ursprung der Kaste und an ihre Funktion, die Rasse rein zu halten, ist verblasst. Zudem hält auch das staatliche Quotensystem über 30 Prozent aller Studienplätze, Schulplätze an höheren Schulen sowie Arbeitsplätze im öffentlichen Dienst den Angehörigen der untersten Kasten, Dalits und den *Other Backward Castes* vor.

Die Kontrollfunktion der Kasten in Bezug auf Heirat scheint trotz allem nur sehr langsam zu schwinden. Auch ein gebildeter Inder, der für seine Essgewohnheiten, soziale Beziehungen, Beruf und Reisen Freiheit fordert, wird peinlich genau die Heiratsvorschriften seiner Kaste befolgen. Diese Funktion der Kaste wird wahrscheinlich am längsten bestehen bleiben.

Somit erweist sich der Hinduismus als ein entwicklungshemmender Faktor, indem er die Kastenstruktur stützt und aufgrund seiner transzendenten Lehre und der religiösen Tabus, wie beispielsweise das der *Heiligen Kühe,* die Menschen physisch und psychisch immobil macht. Aber auch das Kastenwesen wird heute noch als entscheidendes Entwicklungshemmnis, besonders im ländlichen Raum, angesehen, denn die Kasten halten an traditionellen Gebräuchen und Sitten fest. Doch in den letzten Jahren wirken Schule, Gesetze und Einflüsse von außen immer stärker auf die Flexibilisierung dieses starren Gebildes ein. Durch die zunehmende Dynamik, besonders in den indischen Großstädten, ist deshalb vorsichtiger Optimismus angebracht. Die nächsten Jahrzehnte werden also über den Erfolg der Modernisierungsstrategien in Indien entscheiden!

Literaturverzeichnis

Barkemeier, Martin und Thomas (2004): Indien – der Süden. 2., komplett aktualisierte Auflage. Bielefeld: Reise Know-How.

Basting, Bernd (2004): Das Kastenwesen in Indien. Dynamik durch Wandel. In: Südasien 24, Heft 2-3, S. 92-94.

Basting, Bernd/Hoffmann, Thomas (2004): Beständigkeit durch Wandel? Indiens Kastenwesen. In: Geographie heute 25, Heft 221/222, S. 46-49.

Bellwinkel-Schempp, Maren (2003): Ein Ende der Diskriminierung ist nicht in Sicht. In: Solidarische Welt, Heft 181, S. 4-6.

Bender, Hans-Ulrich/Kümmerle, Ulrich/von der Ruhren, Norbert/Thierer, Manfred (1984): Räume und Strukturen. Stuttgart: Klett.

Betz, Joachim (1997): Gesellschaftliche Strukturen. In: Informationen zur politischen Bildung, Heft 257, S. 13-27.

Bichsel, Ulrich/Kunz, Rudolf (1982): Indien. Entwicklungsland zwischen Tradition und Fortschritt. Frankfurt am Main: Moritz Diesterweg.

Bickelmann, Eckehard/Fassnacht, Dieter (1979): Hinduismus. Frankfurt am Main: Moritz Diesterweg.

Bronger, Dirk/von der Ruhren, Norbert (1997): Indien. Stuttgart: Klett.

Bronger, Dirtk (1996): Indien: größte Demokratie der Welt zwischen Kastenwesen und Armut. Gotha: Perthes.

Der Fischer Weltalmanach 2005: Indien. S. 194-198. Frankfurt am Main: Fischer.

Dittrich, Christoph (2003): Bangalore: Polarisierung und Fragmentierung in Indiens Hightech-Kapitale. In: Geographische Rundschau 55, Heft 10, S. 40-45.

Dumont, Louis M. (1966): Gesellschaft in Indien. Wien: Europaverlag.

Escher, Anton (1999): Der Informelle Sektor in der Dritten Welt. In: Geographische Rundschau 51, Heft 12, S. 658-661).

Fischer, Peter/Fregien, Dr. Wolfgang/Jansen, Uwe/Kunz, Winfried/Müller,Helmut/ Richter, Dr. Dieter (1985): Mensch und Raum. Hannover: Schroedel.

Fischer, Peter/Fregien, Dr. Wolfgang/Koch, Rainer/Konopka, Hans-Peter/Kunz, Winfried/Mittag, Dr. Wolfgang/Müller, Anke/Neumann, Jürgen/Ruth,Peter/ Stegemann, Dr. Robert/Theißen, Dr. Ulrich/Weiffen, Achim (1995): Geographie. Mensch und Raum. Berlin: Cornelsen.

Gräfin v. Schwerin, Kerrin (1996): Indien. 2., aktualisierte Auflage. München: Beck.

Hoffmann, Thomas (1997): Bangalore – Indiens ‚Silicon Valley“. In: Praxis Geographie 27, Heft 9, S. 38-41. Braunschweig: Westermann.

Jürgenmeyer, Clemens/Rösel, Jakob (1998): Das Kastensystem. Hinduismus, Dorfstruktur und politische Herrschaft als Rahmenbedingungen der indischen Sozialordnung. In: Der Bürger im Staat 48, Heft 1, S. 25-32.

Michaels, Axel (1998): Der Hinduismus: Geschichte und Gegenwart. München: Beck.

Rothermund, Dietmar (Hrsg., 1995): Indien: Kultur, Geschichte, Politik, Wirtschaft, Umwelt. München: Beck.

Schneider, Ulrich (1989): Einführung in den Hinduismus. Darmstadt: Wissenschaftliche Buchgesellschaft.

Schreiner, Peter (1999): Hinduismus kurz gefasst. Frankfurt am Main: Knecht.

Schweizer, Gerhard (1995): Indien: ein Kontinent im Umbruch. Stuttgart: Klett-Cotta.

Storkebaum, Werner (1989): China – Indien. Großräume in der Entwicklung. Braunschweig: Westermann.

von Stietencron, Heinrich (2001): Der Hinduismus. München: Beck.

Wehling, Hans-Georg (1998): Indien. In: Der Bürger im Staat 48, Heft 1, S. 1.

Zierer, Otto (1985): Hinduismus. Freiburg: Kiesel.

Internetquellen:

www.bpb.de/publikationen/2KZ7Q0,0,0,Glossar.html
    (letzter Aufruf: 2005-11-10)

www.dalit.de/details/dsid_aktuelles_seminare_wsf2004_Presseschau.pdf
    (letzter Aufruf: 2005-10-02)

www.kfw-entwicklungsbank.de/.../Indien31/EPKD_13265_DE_Modernisierung_des_Huettenwerks_Rourkela.pdf
    (letzter Aufruf: 2005-10-12)

www.uni-marburg.de/relsamm/Blindenversion/hinduismus-blind.htm
    (letzter Aufruf: 2005-08-25)

www.wikipedia.org/wiki/Karma
    (letzter Aufruf: 2005-11-10)

Lightning Source UK Ltd.
Milton Keynes UK
UKOW012213190413

209509UK00010B/398/P